乡村振兴·玉米产业培训精品教材

玉米绿色高产

栽培技术

李 虎 宫田田 吴晚信 ◎ 主编

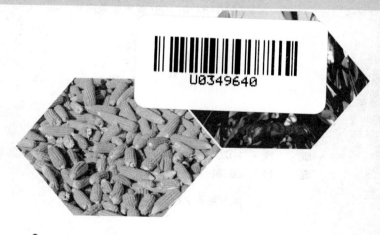

中国农业科学技术出版社

图书在版编目（CIP）数据

玉米绿色高产栽培技术／李虎，宫田田，吴晚信主编 . —北京：中国农业科学技术出版社，2020.9

ISBN 978-7-5116-4977-5

Ⅰ.①玉…　Ⅱ.①李…②宫…③吴…　Ⅲ.①玉米-高产栽培-栽培技术　Ⅳ.①S513

中国版本图书馆 CIP 数据核字（2020）第 163096 号

责任编辑	李 华　金 迪
责任校对	贾海霞

出 版 者	中国农业科学技术出版社
	北京市中关村南大街 12 号　邮编：100081
电 话	（010）82109708（编辑室）　（010）82109702（发行部）
	（010）82109709（读者服务部）
传 真	（010）82106650
网 址	http：//www. castp. cn
经 销 者	各地新华书店
印 刷 者	北京富泰印刷有限责任公司
开 本	880 mm×1 230 mm　1/32
印 张	4. 625
字 数	120 千字
版 次	2020 年 9 月第 1 版　2020 年 9 月第 1 次印刷
定 价	30. 80 元

前　言

玉米是粮食、饲料、加工、能源多元用途作物，玉米传入我国已有 400 多年历史，被誉"谷中之王"。在我国，玉米的种植面积占第一位，产量仅次于水稻，处于第二位。随着饲料、加工业的需求，特别是近期以玉米为原料的生物燃料——乙醇的迅速发展，已形成全球玉米需求持续增长的基本格局。我国幅员辽阔，玉米种植模式多样。目前玉米生产中普遍存在水肥资源利用效率低、机械化程度低、技术到位率低、产量不高、生产成本高、品质差或高产不高效等问题，导致玉米市场竞争力差。高产高效将是今后玉米生产长期追求的目标。

随着人民生活水平的不断提高和对膳食结构的需求，玉米的食品加工、深加工、饲料加工和玉米副产品的综合利用得到迅速发展，尤其是特用玉米的开发利用，越来越受到人们的关注。

由于编者水平有限，书中缺点在所难免，恳请读者提出宝贵意见和建议。

编　者

2020 年 5 月

目　　录

第一章　玉米的生长发育

玉米从种子入土，经过生根发芽、出苗、拔节、孕穗、抽雄穗、开花、抽丝、授粉、灌浆到种子成熟，叫做玉米的生育期。玉米生育期的长短，因品种本身的特性而异，但也受外界环境条件的制约，即同一品种，在不同的时期播种，生育期的长短亦有差异。种植玉米时应根据当地的气候条件，选用合适的品种。玉米是短日照作物，选用品种时还必须同时考虑日照要求。玉米在其一生中，由于生长发育的每一阶段各具特点，对外界环境条件的要求是不同的。应了解各阶段的具体需要，以便在栽培过程中，尽量满足其要求，达到预期的目的。

第一节　苗　期

苗期阶段主要是营养生长阶段，其范围包括种子发芽、出苗到拔节，即幼苗展现6~8片叶，其基部能摸到基节凸起，占全生育期的20%左右。这阶段的主体是生长根和叶及幼苗，由自养过渡到异养。温度对幼苗影响较大。幼苗长到2叶为冻害的临界期。一般来说，幼苗2叶前如遇霜冻，不会受到伤害，即使叶片冻坏，新叶照常可以生长，因为其生长点没有受冻害。幼苗在5叶前，短时间将会受到危害，-4℃的低温超过1小时会造成幼苗严重冻害，甚至死亡。在无霜期较短的地区，催芽抢墒早播，早播也必须控制在当地晚霜来临前玉米幼苗不得超过2叶，否则将会受到冻害。温度超过40℃，幼苗生长受到抑制。根系在土壤5~10厘米处的温度在4.5℃以下时即停止生长，在 20~24℃的条件下生长快而健壮。

　土壤深度 5~10 厘米处的地温稳定在 10~12℃为播种的最适温度。地温越高出苗越快，5~10 厘米地温 15~18℃时播种，8~10 天出苗；在 20~22℃时播种，5~6 天出苗。近年来，在无霜期较短的地区，或需要躲避某时期的自然灾害的地区，推行催芽早播，取得了明显的生产效益。平均气温 18℃时，出苗后 26 天开始拔节，而在 23℃时，仅需 14 天就到拔节期。耕层内土壤持水量 60%~70%比较适宜玉米播种以及幼苗生长，低于 40%或高于 80%对玉米生长发育都有不良影响。

　根系生长与叶片生长两者之间有密切的关系。一般情况下，每展现 2 叶出现一层次生根，即展现第 1、3、5 片叶时，生长第 1、2、3 层次生根，展现第 6 片叶时生出第 4 层次生根，展现第 8 片叶时出现第 5 层次生根。根系生长的规律，大致是下扎的深度快于水平伸展的长度。玉米展现 1~2 片叶时，根系下扎约 20 厘米，水平伸长为 3~5 厘米；展现 3~4 片叶时，根系下扎 30~35 厘米，水平伸长 10~15 厘米；展现 5~6 片叶时，根系下扎 55~60 厘米，水平伸长 30~35 厘米；展现 7~8 片叶时，根系下扎 90~95 厘米，水平伸长 35~40 厘米。小苗浅施肥，距苗应在 6 厘米左右；大苗深施肥，距苗大约 17 厘米；大喇叭口期施肥，应在行间冲沟深施为好。一般习惯上怕玉米吃不上肥料，一律将化肥施在苗根，实际上降低了肥料的利用率。

　玉米苗期对肥料的要求不多，但又不能缺肥，一般用量只占总用量的 10%。氮肥不足，幼苗瘦小，叶色发黄，次生根量少，生长慢；氮肥过多，幼苗生长过旺，根系发育较差。缺磷，苗色紫红，根系生长迟缓。缺锌，新生叶脉间失绿，呈现淡黄色或白色，叶基 2/3 处尤为明显，故称白苗病。

第二节 穗 期

从拔节到雌雄穗分化、抽穗、开花、吐丝的生育时期，是营养生长和生殖生长并进阶段。从植株外部形态看，喇叭口期以前为营养生长期，其后以生殖生长为主，是玉米一生中生长发育最旺盛的时期。拔节期为生殖生长开始，全株茎节、叶片已分化完成，并旺盛生长。地下部分次生根分成 5 层左右，靠近地面的茎节陆续出现支撑根。雄、雌穗相继迅速分化，抽穗开花全部完成，茎叶停止生长。

一、影响穗期茎叶生长和雌、雄穗分化发育的主要因素

1. 温度

平均气温 18℃时，茎开始生长，气温高于 22℃时，植株生长与干物质积累迅速增加。穗期最适温度为 24～26℃，小穗、小花分化多，有利于穗大粒多。温度高，植株生长快，拔节到抽穗的时间短；温度高于 35℃，大气相对湿度低于 30% 的高温干燥气候，花粉失水而干秕，花丝枯萎，授粉不良；平均气温低于 20℃时，花药开裂不好，影响正常散粉。

2. 水分

玉米拔节以后，生长茎叶和穗分化。气温高，生长快，蒸腾旺盛，耗水量急剧增加，特别是抽雄前 10 天左右，生产上称喇叭口期，每株玉米日耗水量 1.5～3.5 升，折合每亩（1 亩≈667 平方米，全书同）耗水量 5～11 立方米。此时要求田间持水量 70%～80%，才能有利于雌穗小穗小花分化，雄穗花粉充分发育，开花抽丝协调，正常授粉结实，增加气生根量，支撑玉米不倒伏。土壤干旱缺水，易形成"卡脖旱"，影响雄穗抽出，或开花早于吐丝，造成花期不遇，降低产量。土壤水分过多，会

影响根系的生理活动。出现植株青枯，应及时排水。

3. 日照

玉米在 8~12 小时日照条件下，植株生长发育快，提早抽雄开花；反之，推迟成熟。密度适宜，光照充足，则器官生长协调，光合生产率高，干物质积累多。如果密度过大，光照不足，则光合生产率低，穗小粒少，产量低。

4. 肥料

穗期氮素吸收量占总吸收量的 53% 以上，磷、钾肥的吸收量分别占总吸收量的 63% 和 62%。喇叭口期重施肥料，有利穗大粒多。在生产实践中，此时期玉米长高，天气又热，在玉米田操作辛苦，而往往将有限的肥料施在小喇叭口期，使玉米后期脱肥而产量降低。

二、玉米的雄穗与雌穗分化的过程

1. 雄穗分化过程

雄穗分化过程分为生长锥未伸长期、生长锥伸长期、小穗分化期、小花分化期和性器官形成期。

(1)生长锥未伸长期。生长锥表面光滑，长度略小于宽度，呈半球形，其基部有凸起的叶原始体。这时期主要分化茎节、节间、叶、腋芽、根节。该期持续时间，取决于植株叶片数多少。此时外部形态为 6~8 片展开叶片。

(2)生长锥伸长期。生长锥长度大于宽度，表面光滑，其基部看到雄穗分枝原基凸起。当生长锥伸长时，茎基 1~2 节亦开始伸长，即为拔节。

(3)小穗分化期。开始基部有明显的分枝凸起，中部出现小穗裂片，每个裂片又分裂成两个小穗凸起，其中一个较大，发育成有柄小穗，一个较小，发育成无柄小穗。雄穗的分枝亦按照相同的顺序分化为成对排列的小穗，在小穗基部可看到颖片原始体。

（4）小花分化期。在中部幼穗分化颖片后不久，在颖片内侧上部，分化出两个大小不等的凸起，即为小花原基，在其基部分化内外稃，并在稃的内侧出现 3 个雄蕊凸起，中间隆起一个雌蕊原基，这时为两性花。此后，雄蕊发育，雌蕊退化，形成单性雄花，其花序为雄穗。此时，外展叶片大约为 9 片。

（5）性器官形成期。当 3 个雄蕊凸起开始呈半球形，很快伸长转为圆柱状，随之呈方柱状，花药分隔，形成 4 个花粉囊时称为药隔形成期。此时雄蕊停止发育，覆盖器官长大并遮盖花药。药隔形成后，花粉囊里的胞原组织，分化产生花粉母细胞，经过减数分裂，形成四分体，继续发育充实，形成花粉粒。

2. **雌穗分化过程**

雌穗分化过程分为生长锥未伸长期、生长锥伸长期、小穗分化期、小花分化期和性器官形成期。

（1）生长锥未伸长期。生长锥呈半球形，长度略小于宽度。其基部分化节、节间和苞叶原基，以后发育成穗柄及苞叶。

（2）生长锥伸长期。长度大于宽度，体积略有增大，下部出现螺旋式排列的原始苞叶凸起，此时与雄穗小花分化期相对应。

（3）小穗分化期。伸长的生长锥继续分化发育，其基部出现小穗原基凸起，每个原基分裂并形成两个并列的小穗，其基部分化出褶皱状凸起，发育成颖片。小穗原基分化的顺序，从雌穗中下部开始渐次向上向下进行。当生长锥中下部出现成对排列的小穗时，中上部为小穗原基分化期，其顶部仍呈现光滑的圆锥体，如果条件适宜，可继续分化出小穗原基并延续到以后几个分化期。此时，若满足所需要的养分、水分、光照等条件，可形成穗大粒多。

（4）小花分化期。随着成对小穗增长发育，每个小穗又分化为大小不等的两个小花原基。大的在上，生长较快，发育成结实性小花；小的在下，生长缓慢，不久萎缩，成为不孕小花。

在小花原基基部外围分化为 3 个三角形排列的小球状雄蕊凸起，中间分化出 1 个扁圆形隆起，是雌蕊原基，生长较快。在小花分化末期，雄蕊退化，雌蕊迅速长大，由两性花变为单性花。

（5）性器官形成期。小花雌蕊的柱头逐渐伸长，基部遮盖着胚珠并形成花丝通道，顶部出现分杈，出现茸毛。同时，子房中胚珠分化，胚囊卵器官发育成熟，整个果穗增长，花丝抽出苞叶。水肥条件好，有利于花丝伸出和性细胞良好发育，提高受精和结实力。

玉米雌雄花分化的时期，是玉米一生中的关键时期，它决定了穗粒数、行列整齐度、行粒数多少。对水肥反应特别敏感，通常称水肥的临界期，是管理的重要时期。

玉米雌雄分化的过程，不仅有其自身的规律和相互间对应的关系，而且与叶片的生长有规律性的联系。了解并掌握这些关系，对于合理运用水肥管理，争取穗大粒多提供可靠的依据。

雌雄穗分化期相互对应关系为雄穗小花分化期与雌穗生长锥伸长期相对应，雄穗药隔和四分体形成期与雌穗的小穗小花分化期一致，雄穗开花，雌穗吐丝。

研究玉米生长叶片与雌雄穗分化期的对应关系，在实际应用中最为简便的是见展叶差法。此法是利用见展叶差之间的关系，不需知道品种的总叶片数，亦无须在田间进行叶龄标记，易于掌握。

玉米生长出叶子后，只要能够看见叶子，即称可见叶。当叶片完全长出，能够见到叶鞘的叶片，称展现叶。可见叶与展现叶之间的差数，称见展叶差。品种生育过程中，从能见到叶鞘的叶片向上数，没有叶鞘的叶子有几片，如是 5 叶，见展叶差为 5，就是喇叭口时期。见展叶差有五大差期，即 2、3、4、5 和退差期。一般可见叶 6~7 片前，见展叶差为 2；可见叶 7~10 片，见展叶差为 3。全株有 20 片叶的中晚熟品种，在可见叶 11~15 片时，见展叶差为 4；可见叶为 15 片以上时，见展叶差是 5。全株为 18 片叶以内的早熟品种，可见叶 11~13 片时，见展叶差为 4；可见叶 13 片以上时，见展叶差是 5。当顶叶出现后，由于内部再无新叶出现，而各叶相继展开，见展叶差依次降为 4、3、2、1，当顶叶全展时，见展叶差为 0。

第三节　花粒期

生殖生长阶段，包括开花、散粉、吐丝、受精及籽粒形成到成熟等过程。雄穗抽出到开花的时间，因品种而异，气温、水分也有影响，大致是雄穗抽出后 2~5 天开始开花散粉。开花的顺序是先从主轴向上 2/3 部分开始，然后向上向下同时开花，雄穗分枝的开花顺序与主轴相同。开花时，颖壳张开，花药外露，花粉散出。每个雄穗开花时间长短，因品种、雄穗的长短、分枝多少、气候条件而有所不同，一般为 5~6 天，最长可达 7~8 天。散粉最盛的时间在开花后 3~4 天，每天开花的时间，天气晴朗，为 7~11 时，其中 9~10 时开花最多。雨后天气放晴即可散粉。阴雨间断，开花时间延长，但还是能够开花散粉。

雌穗花丝从苞叶中抽出的时间，同样与品种、气候条件有关。在正常情况下，果穗花丝抽出的时间与其雄穗开花散粉盛期相吻合。有少数品种，先出花丝后散粉或散粉末期花丝才抽出来。一个果穗上花丝抽出的时间，与雌穗小花分化的时间是一致的。位于果穗基部向上 1/3 的部位花丝最先抽出，然后向上向下延伸，最后抽出的是果穗最上部的花丝。一个果穗花丝抽出的时间为 4~5 天，一般情况下，与其雄穗开花的时间相吻合。花丝抽出苞叶后，任何部位都有接受花粉的能力，完成受精过程。花丝生活能力与温度和湿度有关，一般 5~6 天接受花粉的能力最强。平均温度 20~21.5℃，相对湿度为 79%~92%时，花丝抽出苞叶 10 天之内生活力最高，11~12 天显著降低，15 天以后死亡。授粉后 24 小时完成受精。花丝授粉后停止生长，受精后 2~3 天，花丝变褐色，渐渐干枯。

开花抽丝期间，当温度高于 32℃，空气湿度低于 30%，田间持水量低于 70%，雄穗开花的时间显著缩短。高温干旱，花粉粒在 1~2 小时内失水干枯，丧失发芽能力，花丝延期抽出，造成花期不遇，或花丝过早枯萎，严重影响授粉结实，形成秃尖、缺粒，产量降低。如能及时浇水，改善田间小气候，可减轻高温干旱的影响。

花期吸收磷、钾量分别占总吸收量的 7.4% 和 27%。磷素不足，抽丝期推迟，受精不良，行粒不整齐。缺钾，雌穗发育不良，妨碍受精，粒重降低。

花丝受精后到成熟之间，主要是生长籽粒。而籽粒的形成过程，大致分为籽粒形成期、乳熟期、蜡熟期和完熟期。

一是籽粒形成期。指自受精到乳熟。早熟品种为 10~15 天，晚熟品种大约 20 天。胚的分化基本结束，胚乳细胞已经形成，籽粒体积增大，初具发芽能力，籽粒含水量 90% 左右，籽粒外形呈珠状乳白色，胚乳白色浆，果穗的穗轴基本定长、定粗，苞叶呈浓绿色。

二是乳熟期。乳熟初到蜡熟初，为 15~20 天。中早熟品种自授粉后 15~35 天，晚熟品种自授粉后 20~40 天。胚乳细胞内各种营养物质迅速积累，籽粒和胚的体积均接近最大值。整个籽粒干物质增长较快，占最大干物质量的 70%~80%。胚的干物质积累亦达到盛期，具有正常的发芽能力。籽粒中含水量 50%~80%，胚乳逐渐由乳状变为糊状，苞叶绿色，果穗增长加粗并与茎秆之间离开一定的角度，俗称"甩棒期"。

三是蜡熟期。自蜡熟初到完熟前，为 10~15 天。中早熟品种，自授粉后 30~45 天，晚熟品种自授粉后 40~55 天。籽粒干物质积累达到最大值。籽粒含水量下降到 40%~50%，籽粒由糊状变为蜡状，故称蜡熟期。苞叶呈浅黄色，籽粒呈现其固有的形状和颜色，硬度不大，用指甲就能够掐破。

四是完熟期。主要是籽粒脱水的过程，籽粒含水量由40%下降到20%。籽粒变硬，呈现出鲜明的光泽，用指甲掐不破，苞叶枯黄。

关于完熟期的定义，一直没有精确的说法，各地都凭经验断定。从植物生理的角度认为，籽粒胚尖上部出现黑层，证明籽粒已经达到生理成熟，实际上许多品种在蜡熟期就已有黑层了。苞叶变黄，这是习惯上的收获期，有的品种苞叶呈浅黄色时，其籽粒已经变硬，通常说由里向外熟。各地应根据实际情况，决定成熟收获的时间。

籽粒形成时期，自授粉到成熟的40~50天，对温度要求为22~24℃，在此范围内，温度高，干物质积累快，特别是昼夜温差大，籽粒增重更为显著。当温度低于16℃，光合作用降低，淀粉酶活性受到抑制，影响淀粉的合成和积累，籽粒灌浆不饱；温度高于25℃，出现高温逼熟，籽粒秕小，降低产量。

土壤持水量以75%左右为宜，否则植株早枯，粒小粒秕。

光照条件是影响粒重的主要因素之一，籽粒干物质中的绝大部分是通过光合作用合成的。生产上选用品种时，既要考虑到植株叶片大小，又要大穗大粒，这就是人们常说的库源关系。源足库大，才能高产。在管理上，要最大限度保持绿叶面积，特别是果穗以上的绿叶面积，通风透光，增强光合作用，延长灌浆时间，扩大库容量，实现穗大、粒多、粒重，以达到高产的目的。

在灌浆期间，吸收氮素约占总吸收量的46.7%。氮素适量，可延长叶片功能，防止早衰，促进灌浆，增加粒重；氮素过多，容易贪青晚熟，影响产量。磷素吸收量约占总吸收量的35%，对受精结实以后的籽粒发育具有重要作用。

第二章　玉米良种选择

农民选择农作物品种时应该遵循产量是基础、抗病是保证、质量是效益的原则。玉米应选择高产、耐密、广适性、商品性好的品种。如何选好玉米良种，是关系到秋季产量增收的关键问题。

第一节　选择玉米种子应遵循的原则

一、根据热量资源条件(积温)选种

热量充足，就尽量选择生长期较长的玉米品种，使优良品种的生产潜力得到有效发挥。但是，过于追求高产而采用生长期过长的玉米品种，则会导致玉米不能充分成熟，籽粒不够饱满，影响玉米的营养和品质。所以，选择玉米品种，既要保证玉米正常成熟，又不能受早霜危害。禁止越区种植，要将早、中、晚熟品种进行合理的搭配，尽量不要种植贪青晚熟作物品种。地势高低与地温有关，岗地温度高，宜选择生育期长的晚熟品种或者中晚熟品种；平地生育期适宜选择中晚熟品种；洼地宜选择中早熟品种。

二、根据当地生产管理条件选种

在生产管理水平较高，且土壤肥沃、水源充足的地区，可选择产量潜力高、增产潜力大的玉米品种。反之，应选择生产潜力稍低，但稳定性能较好的品种。

三、根据前茬种植选种

前茬种植的是大豆，土壤肥力则较好，宜选择高产品种；若前茬种植的是玉米，且生长良好、丰产，可继续选种这一品种；若前茬玉米感染某种病害，选种时应避开易染此病的品种。另外，同一个品种不能在同一地块连续种植三四年，否则会出现土地贫瘠、品种退化现象。

四、根据病害选种

病害是玉米丰产的克星，为了保证玉米高产应选育和推广抗病品种，尤其是抗大小斑病和茎腐病的品种是生产上迫切需要解决的问题。

五、根据种子外观选种

玉米品种纯度的高低和质量的好坏直接影响玉米产量的高低。选用高质量品种是实现玉米高产的有利保证。优质的种子包装袋为一次封口，有种子公司的名称和详细的地址、电话；种子标签注明的生产日期、纯度净度、水分、芽率明确；种子的形状、大小和色泽整齐一致。

六、根据当地降水等自然条件选种

降水多的地区可选喜欢肥水的丰产型品种，干旱风沙地区可选耐瘠薄型品种。

因此，应根据当地的实际情况，因地制宜选用良种，并做到良种良法配套，才能发挥良种的增产潜力。

第二节　精选种子

为了提高种子质量，在播种前应做好种子精选工作。根据玉米果穗和籽粒较大的特点，精选玉米种子可采取穗选和粒选等方法。

对选过的种子，特别是由外地调换来的良种，都要做好发芽试验。我国规定玉米种纯度应不低于96%、净度不低于98%、发芽率不低于85%、水分不高于13%。发芽率如低于85%，要酌情增加播种量。

玉米精播技术的种子质量。现在种子国家标准芽率≥85%，不适合机械化要求。玉米精播技术采用先进播种机，单粒点播。种子要精选分级、粒型一致，发芽率≥95%，发芽势≥90%、纯度≥98%、净度100%的优质品种。

第三节　种子处理

玉米在播种前，通过晒种、浸种和药剂拌种等方法，增强种子发芽势，提高发芽率，并可减轻病虫为害，以达到苗早、苗齐、苗壮的目的。

一、晒种

粒选后播种前进行。方法是选晴天把种子摊在干燥向阳的地上或席上，连续晒2~3天，并要经常翻动种子，晒匀、晒到。

二、浸种

可增强种子的新陈代谢作用，提高种子生活力，促进种子吸水萌动，提高发芽势和发芽率，并使种子出苗快，出苗齐，对玉米苗全、苗壮和提高产量均有良好作用。浸种方法如下。

用冷水浸种12~24小时，温烫（水温55~58℃）浸种6~12小时，比干种子均有增产效果。在生产上，也有用腐熟人尿25千克对水25千克浸泡6小时或用腐熟人尿15千克对水35千克浸12小时，有肥育种子，提早出苗，促使苗齐、苗壮等作用，但必须随浸随种，不要过夜；还有用 500 倍磷酸二氢钾溶液浸种 12 小时，有促进种子萌发，增强酶的活性等作用。

但必须注意，在土壤干旱又无灌溉条件的情况下，不宜浸种。因为浸泡的种子胚芽已萌动，播在干土中容易造成"回芽"（或叫烧芽、芽干），不能出苗，导致损失。

三、种子药剂处理

为了防治病害，可用 20% 萎锈灵拌种，用药量是种子量的 1%，可以减轻玉米黑粉病的发生，并可防治玉米丝黑穗病。

对于地下害虫如金针虫、蝼蛄、蛴螬等，可用 50% 辛硫磷乳油，用药量为种子量的 0.1%~0.2%，用水量为种子量的 10% 稀释后进行药剂拌种，或进行土壤药剂处理或用毒谷、毒饵等，随播种随撒在播种沟内，都有显著的防治效果。

种子包衣是一项种子处理的新技术，就是给种子裹上一层药剂。它是由杀虫剂、杀菌剂、复合肥料、微量元素、植物生长调节剂和成膜物质加工制成的，能够在种子播种后具有抗病、抗虫以及促进生根发芽的能力。拌种用量一般为种子量的 1%~1.5%。包衣的方法有两种：一是机械包衣，由种子部门集中进行，适用于大批量种子处理；二是人工包衣。

第四节　玉米种子包衣技术

玉米种子包衣，不仅能够防治苗期病虫鼠害，还能促进玉米苗生长发育，而且具有省种、省工、省药等节约成本的效果。

一、种子初加工

包衣前要对玉米种子进行初加工，被包衣的玉米种子必须经过精选，去除杂质和破碎粒，其成熟度、发芽率、水分含量等均应符合良种标准化要求，否则影响到种子包衣效果。

二、选择种衣剂

根据需要选用种衣剂型号，根据当地玉米常发生主要病虫害选用种衣剂型号，如玉米大小斑病、黑粉病、地下害虫、螟虫等病害重的选用旱粮种衣剂 1 号。

三、种衣剂用量

包衣时确定种衣剂用量，种衣剂用量应根据种衣剂的有效成分和作物来决定。药种比例一般是以每百克种子所需药肥有效物克数表示，即有效物克数/100 克种子。如旱粮种衣剂 1 号 0.5~0.8 克/100 克种子。

四、玉米种子包衣方法

（一）机械包衣法

种子公司或大的生产单位用包衣机包衣。包衣前，要根据包衣机械以及种衣剂的有关说明和药种比例进行调配。包衣过程中，要经常观察计量装置工作情况，如有变化则要重调。

（二）人工包衣法

农户及量小的生产单位可采用人工包衣法。

（1）塑料袋包衣法。把备用的两个大小相同的塑料袋套在一起，取一定数量的种子和相应数量的种衣剂装在里层的塑料袋内，扎好袋口，然后用双手快速揉搓，直到拌匀为止，倒出即可备用。

（2）大瓶或小铁桶包衣法。准备有盖的大玻璃瓶或小铁桶，如可装 2 000 克的大瓶或小铁桶，应装入 1 000 克种子和相应量的种衣剂，立即快速摇动，拌匀为止，倒出即可备用。

（3）圆底大锅包衣法。先将大锅固定，清洗晒干，然后称取一定数量种子倒入锅内，再把相应数量的种衣剂倒在种子上，用铁铲或木棒快速翻动拌匀，使种衣剂在种子表面均匀迅速地固化成膜后取出。

五、提早包衣

为了满足玉米种子的供应，及包衣膜完好的固化，应提早包衣，要求在播种前两周包衣完毕。

六、妥善储存包衣种子

已包衣好的种子，应立即装入聚丙烯双层编织袋内，单仓储存，绝不能与粮食、饲料混储。

第三章　整地与播种

第一节　地块选择

玉米适应性很强，各种土壤都适宜玉米生产，但要达到高产的指标，选择相应的土壤也是一个关键的条件。

一、土层深厚

土层深厚有利于形成强大的根系，提高根系吸水吸肥能力。土层厚度在 60 厘米以上，耕层的熟土层 20 厘米以上较为适宜玉米生长。

二、质地适中

土壤过于疏松或过于紧实都不利于玉米生长，一般选择沙壤或轻壤土较好。

三、肥力较高

玉米是需肥较多的作物，其生长发育所需的养分主要来源于土壤中，因此应选择土壤基础肥力好的地块种植玉米。

四、排水良好

玉米虽需水较多，但它不耐涝。当土壤的田间持水量达到 80% 以上时，就会影响玉米生长。

第二节 精细整地

翻耕是对土壤的全面作业，要在作物收获后的土壤宜耕期内及时进行。有伏耕、秋耕和春耕3种类型。我国北方地区伏耕、秋耕比春耕更能接纳、积蓄伏、秋季降雨，减少地表径流，对储墒防旱有显著作用。伏耕、秋耕比春耕能有充分时间熟化耕层，改善土壤物理性状，能更有效地防除田间杂草，并诱发表土中的部分杂草种子。就北方地区的气候条件及生产条件而论，伏耕优于秋耕，早秋耕优于晚秋耕，秋耕优于春耕。春整地地块要做到早整地，坚持顶凌整地，顶墒起垄，蓄住土中墒。春耕的效果差主要是由于翻耕将使土壤水分大量蒸发损失，严重影响春播和全苗。春整地坚持连续作业。对春季未达到待播状态的秋整地地块，要适时耙耢、起垄、镇压保墒，一次成型达到待播状态。翻耕推广大型机车和中型机车有机结合，农机与农艺相结合，提高耕作质量。我国北方旱作农田翻耕后有2~3年后效，灌溉农田有1~2年后效。因此，土壤不必年年翻耕，否则矿质化过快，土壤养分耗损大，且不经济。

第三节 确定种植方式进行合理密植

玉米种植方式多种多样，现在各地仍以等行距和宽窄行方式为主，具体介绍如下。

一、等行距种植

这种方式是行距相等，株距随密度而有不同。其特点是植株在抽穗前，地上部叶片与地下部根系在田间均匀分布，能充分地利用养分和阳光；播种、定苗、中耕锄草和施肥培土都便于机械化操作。但在肥水高、密度大的条件下，在生育后期行间郁蔽，光照条件差，光合作用效率低，群体个体矛盾尖锐，影响进一步提高产量。

二、宽窄行种植（大垄双行栽培）

宽窄行种植也称大小垄，行距一宽一窄，一般大行距60~80厘米，窄行距40~50厘米，株距根据密度确定。其特点是植株在田间分布不匀，生育前期对光能和地力利用较差，但能调节玉米后期个体与群体间的矛盾，所以在高肥水、高密度条件下，大小垄一般可增产10%。在密度较小的情况下，光照矛盾不突出，大小垄就无明显增产效果，有时反而会减产。

除此之外，近年来提出了比空栽培法、大垄平台密植栽培技术等。

在生产实践中，选择种植方式时应考虑地力和栽培条件。当地力和栽培条件较差的情况下，限制产量的主要因子是肥水条件，实行宽窄行种植，会加剧个体之间的竞争，从而削弱了个体的生长；但在肥水条件好的情况下，限制产量的主要因子是光、气、热等，实行宽窄行种植，可以改善通风透光条件，从而提高产量，所以，种植方式应因时、因地而宜。

三、密植幅度及购种量

在生产上，采用哪种种植方式要因地制宜，灵活掌握。大量研究证明，在种植密度相同条件下，不同种植方式对产量增减的影响不是十分显著。

各地密植的适宜幅度，应根据当地的自然条件、土壤肥力及施肥水平、品种特性、栽培水平等确定。相同品种在同一地区，阳坡地应比阴坡地或平原密些；光照足、雨水少的地区应比阴雨多、光照弱的地区密些；土壤肥沃、施肥水平高的地块应密些；茎叶紧凑上冲、生育期短、单株生产力低的品种应密些；晚熟的应稀些；反之则相反。

玉米播种量的计算方法为：

用种量＝播种密度×每穴粒数×粒重×面积

应重点发展玉米精播技术，提高播种质量。种子质量好、芽势强的品种应提倡单粒播种，既节省用种量，又节省间苗用工。

第四节　常见玉米地的播种

一、旱地春玉米的播种

旱地玉米生产的核心是蓄墒、借墒和保墒，在播种时应采取以下措施。

第一，撵墒深种。深种是高原山区常用的一种抗旱、抗倒、防早衰的增产方法。如果土壤墒情差，播种层土壤含水量在12%以下，下层土壤含水量大时，则采用撵墒深种，一般可深种到10～12厘米，充分利用深层土壤底墒保全苗。深种的玉米根层多、扎根深、耐旱、抗倒、防早衰、产量高。在土壤墒情好的情况下，即播种层土壤含水量在12%以上时，一般玉米播种深度5～6厘米，硬粒型玉米顶土力强，种得深些，马齿型玉米顶土力弱，种得浅些。

第二，抢墒播种。早春土壤解冻后表层水分多或雨后湿度大，应尽量抢墒早播。可把播期提早10～15天，趁墒播种。东北黑龙江南部土壤返浆期在4月20日至5月5日，此时土壤水分充足，播种玉米出苗率高，成熟期一般可提早4～5天。

第三，提墒播种。玉米播种前，表层干土已达6厘米左右，而下层土壤墒情尚好时，可在播种前后及时镇压地表，使土壤紧实，增加种子和土壤的接触面，促进下层土壤水分上升。

第四，等雨播种。长期干旱，难以用其他抗旱措施保证玉米出苗时，就要选用早熟玉米品种，待下透雨后及时播种。如

·19·

果降雨太晚，错过了玉米的播种适期，则应改种其他早熟作物。

二、水浇地春玉米的播种

水浇地春玉米有灌溉条件，基本不受自然降雨的限制，可根据需要进行灌溉。适时播种，提高播种质量，实现高产稳产。

华北等地有"十年九旱"之说，春季土壤水分不足，常常影响种子发芽和幼苗的生长，造成缺苗、弱苗和大小苗现象。华北和西北地区的传统经验，一般在秋耕晒垡的基础上，进行冬灌和早春灌水。冬灌比春灌好，早春灌比晚灌好。冬灌早春地温高，蒸发少，蓄水量大，避免春季与小麦争水，还有利于消灭越冬害虫。所以，有条件冬灌的地区尽量冬灌或早春土壤解冻后及早春灌。随着生产水平的提高和节水农业的推广，有些地区已改为播后浇水或人工喷灌 4~5 小时，节水增产效益明显。

三、麦田套种玉米的播种

夏播无早，越早越好。夏玉米早播最有效的途径是麦田套种。黄淮海地区小麦或玉米一年一作积温有余，两作不足，夏直播只能选用中早熟玉米品种，产量受到限制。而麦田套种玉米可增加积温 300~400℃，又能使夏玉米躲过芽涝，一般比麦后直播增产 10%~15%，高者可达 20% 左右，是一项基本不增加成本又可增产的低耗高效生产措施。

套种玉米要选用增产潜力较大的品种，在确定套种适期时应该掌握以下原则：一是满足所用品种对全生育期总积温的要求。二是使玉米生长发育所需高温期与自然高温阶段相吻合，满足开花期、灌浆期、成熟期日平均温度达 20~26℃ 的要求，后期躲开低温。三是前期躲开芽涝，并使玉米最大需水期与汛期降雨相吻合。四是保证"秋分"前后成熟，及时腾茬种小麦。考虑到上述因素，一般可以把玉米和小麦的共生期限定为 7~15天，这样既能满足一般玉米品种的积温要求，又能把套种玉米的小株率压缩到较低水平，从而实现增产目标。

　　套种玉米的播种和早期管理都不如直播玉米方便，搞不好就会降低玉米生长的整齐度。要想提高玉米生长整齐度，在播种时，必须注意抓好以下 5 个重点环节：一是选用高纯度的杂交一代玉米良种，做好种子筛选，分级播种。据试验，精选大粒种子播种，比混播的增产 7.5%，比单播小粒种子增产17.8%。二是适墒匀墒播种。播种时土壤田间相对持水量要达到70%左右，遇旱要浇好造墒水和保苗水。三是播深适宜，均匀一致，覆土盖严，播深要求 3~5 厘米。四是均匀施肥，种肥适量并与种子隔离，种肥一般为每亩 4~5 千克标准氮肥。五是种衣剂拌种，防治害虫。要防治好麦田黏虫和地下害虫，减少玉米幼苗受害的机会。

四、夏直播玉米的播种

　　夏直播是在小麦收获后播种玉米，其优点是便于机械化操作，播种质量容易提高，出苗比较整齐，有利于提高玉米的生长整齐度。缺点是玉米的生长时间较短，不能种植生育期较长的高产品种。夏直播玉米的播期越早越好，晚播会造成严重减产。要注意选用中早熟品种，并因地制宜采用合理的抢种方法。具体方法主要有两种：一是麦收后先用圆盘耙浅耕灭茬然后播种；二是麦收后不灭茬直接播种，待出苗后再于行间中耕灭茬。直播要注意做到墒情好，深浅一致，覆土严密，施足基肥和种肥。基肥和种肥氮肥占总施肥量的 30%~40%，磷、钾肥一次施足。因为种肥和基肥施用量比较多，所以要严格做到种、肥隔离，以防烧种。

第四章　田间管理

第一节　苗期管理

玉米从出苗到拔节这一阶段为苗期，夏玉米一般经历 20~25 天，苗期是玉米进行根、茎、叶等营养器官的分化和生长，雄穗开始分化的时期，植株的节数和叶片数是在这个时期决定的，当主茎基部第五节伸长达 1 厘米时，便是拔节期，苗期到此结束。

苗期的主要生长特点是地上部分生长缓慢，根系生长迅速。苗期玉米器官的形成是以根系为中心，叶片生长缓慢以保证根系发育良好。据测定，玉米三叶期到拔节，地下部比地上部的增重速度快 1.1~1.5 倍。但由于地上部茎叶，特别是近根叶正在形成和出现，容易和根部争夺养分和水分，导致影响根部的粗壮生长，故地上部与地下部之间所表现的矛盾是苗期本身内部的主要矛盾，此阶段田间管理的中心任务是保证全苗，做到苗齐、苗壮，适当控制地上部茎叶的生长，促进根系的健康发展，使植株长相达到根多、苗壮、茎扁，叶色由出苗后的浅绿转为深绿，整株幼苗壮实，为高产打下基础。为了达到壮苗必须以促进根系发育和控制地上部生长为中心进行田间管理，加强中耕松土，提高土壤通气性，促进根系生长发育，培育壮苗，为高产打下基础。

苗期管理的主要技术措施有查苗、补苗、间苗、定苗、中耕锄草、蹲苗促壮、追肥和防治虫害。

一、苗期气象条件

玉米苗期生长最适宜温度为 18~20℃，根系适宜生长的土壤温度为 5 厘米地温 20~24℃；当幼苗时遇到 2~3℃ 低温影响正常生长，短时气温低于-1℃，幼苗受伤，-2℃ 死亡。苗期生长最适宜土壤含水量为土壤田间最大持水量的 60% 左右，土壤含水量 12%~14%；土壤含水量低于 11% 或高于 20% 对出苗均不利。

二、查苗、补苗

全苗是玉米丰产的基础，必须做好查苗补缺，确保全苗，凡是漏播的，刚出苗时要及时补种。所以夏玉米播种后应及时查苗、补苗。

为了补种后早出土，赶上早苗、补种的种子应先进行浸种催芽，以促其早出苗。但补种的玉米苗往往赶不上原来苗，造成大苗欺小苗，生长不齐，因此可在幼苗生长到 3.5~4 叶时采取以密补稀移栽。如缺苗较少，可以带土移栽；如果缺苗在 10% 以上时，可囤苗补栽。所谓囤苗补栽，把大田间出来的苗放在阴凉处，根部用土封好，泼点水，经过 24 小时，生出新根，即可补栽。补栽苗要比缺苗地的苗多 1~2 片叶，并注意浇水。施少量化肥，促苗速长，赶上直播苗。移栽时间应在下午或阴天，以利返苗，提高成活率。

三、间苗、定苗

及时间苗、定苗是减少弱株率，提高群体整齐度，保证合理密植的重要环节。因为玉米行距在播种时已经确定，但株距即每亩留苗多少，完全决定于间苗、定苗这个关口。因此，在进行间、定苗工作之前，一方面总结过去合理密植的经验；另一方面根据品种、地力、当年水肥条件及其他栽培管理水平，逐块分类定出合理的密度范围，保证每块做到因地制宜合理密植。

（一）间苗时间

玉米间苗和定苗时间的早迟对保证全苗壮苗关系很大。间苗、定苗过早时，苗势两极分化不明显，定苗后会继续出现病株、弱株、残株等；间苗、定苗时间过迟，会导致幼苗地下和地上部分相互拥挤，单株营养面积缩小，相互争肥、争水影响幼苗健壮生长，形成弱苗。因此培育壮苗要早间苗，早定苗。

一般在 3~4 叶期进行，原则是间密留稀，间弱留壮。由于玉米在 3 叶期前后正处在"断奶期"，要有良好的光照条件，如果幼苗期植株过分拥挤，株间根系交错，会出现争水争肥的现象。夏玉米在 5~9 叶期定苗比 3~4 叶期定苗，每亩减产 14%~27%，因此，间苗、定苗工作应及早进行。

（二）定苗时间

在幼苗长到 5 叶时进行，定苗时应做到去弱苗，留壮苗；去过大苗和弱小苗，留大小一致的苗；去病残苗，留健苗；去杂苗，留纯苗，一次性留好苗。

（三）推迟间苗、定苗时间的情况

套种玉米通常草多、虫多、残伤苗多，土壤墒情差，虫害较重，这些田块保全苗难度大，应适时间苗，适当推迟定苗时间，以避免出现死苗、缺苗，导致苗数不足，影响产量。掌握 3~4 片可见叶时间苗，5~6 片可见叶时定苗，但最迟不宜超过 6 片叶。

（四）注意事项

间苗、定苗的时间应在晴天下午，那些病苗、虫咬苗及发育不良的幼苗在下午较易萎蔫，便于识别淘汰。对那些苗矮叶密、下粗上细、弯曲、叶色黑绿的丝黑穗浸染苗，应彻底剔除。

四、中耕除草

中耕除草是苗期管理的一项重要工作，也是促下控上、增根壮苗的主要措施。

(一)中耕除草

玉米出苗后，由于气温升高，杂草和幼苗同步生长，土壤水分蒸发量大，出现黄苗和死苗现象。早划锄除杂草使土壤疏松，流通空气，不但可以促使玉米根系深扎，而且还有利于土壤微生物活动，促进土壤有机质分解，增加土壤有效养分；同时还可以消灭杂草，减少地力消耗。在短期干旱时，中耕可以切断土壤毛细管，防止水分蒸发，起到防旱保湿的作用；在大雨和久雨之后，中耕又起到散墒除涝的作用。因此，农谚有"秋收一张锄""锄头底下看年成"等说法，这正是我国农民在长期生产实践中对中耕的深刻体会。

玉米苗期中耕一般可进行2~3次。中耕深度一般应掌握"两头浅，中间深；苗旁浅，行中深"的原则。定苗以前幼苗矮小，可进行第一次中耕，中耕时要避免压苗。中耕深度以3~5厘米为宜，苗旁宜浅，行间宜深。此次中耕虽会切断部分细根，但可促发新根，控制地上部分旺长。套种玉米田在苗期一般比较板结，在麦收后应及时中耕，去掉麦茬，破除板结。拔节期前后进行第二次中耕，此次中耕应深些，行间可达10厘米左右。

(二)化学除草

即在播种后出苗前地表喷洒除草剂，也可苗期进行。

1. 莠去津(阿特拉津)

每亩用有效成分100克加水40~50千克喷雾，在杂草出土前和苗后早期施药，可防除一年生禾本科杂草和阔叶杂草。

2. 乙草胺

每亩用有效成分70克加水40~50千克在玉米播种后，出苗前喷药,可防除一年生禾本科杂草。

3. 乙阿悬乳剂(乙草胺+阿特拉津)

每亩 250 毫升加水 40~50 千克,在播种后、出苗前喷药。

五、蹲苗促壮

蹲苗应从苗期开始到拔节前结束。蹲苗应掌握"蹲黑不蹲黄,蹲肥不蹲瘦,蹲干不蹲湿"的原则。套种玉米播种生长条件较差,一般不宜蹲苗。苗期在短时含水量低于 11% 有利于蹲苗,所以,应抓好水肥管理工作,促弱转壮。

六、水肥管理

玉米苗期由于植株较小,叶面积不大,蒸腾量低,需水量较小。土壤含水量应保持在田间最大持水量的 65%~70%。玉米苗期有耐旱怕涝的特点,适当干旱有利于促根壮苗。土壤绝对含水量 12%~16% 比较适宜,土壤中水分过多,空气缺乏,容易形成黄苗、紫苗,造成"芽涝",苗期遇大雨要注意排水防涝。

苗肥追施具有促根、壮苗,促叶、壮秆的作用。苗肥追施的方法、时间要根据苗情、土壤肥力等情况来定,对苗株细弱、叶身窄长、叶色发黄、营养不足的三类苗、移栽苗,同田生长高矮不一的弱苗要及早追施偏心苗肥,在幼苗长至 5 叶时用尿素对水追施偏心肥,促使弱苗全田生长整齐一致。追施拔节肥可弥补土壤养分不足,促进玉米形成壮秆、大穗。拔节肥追施的时间是可见叶片 6.5~7 叶,播种后 35 天左右。拔节肥应以速效氮肥为主,亩追尿素 20 千克,并进行培土。套种玉米通常幼苗瘦黄,长势弱,前作收后立即追施提苗肥。三类苗应先追肥后定苗,并视墒情及时浇水,以充分发挥肥效。

苗期追肥量,原则上磷、钾肥全部施入,氮肥追肥量因地、因苗确定。据研究,磷肥在 5 叶前施入效果最好,因此,磷、钾肥和有机肥应在定苗前后结合中耕尽早施入。因此,在 5 叶前及时开穴、沟、深施。亩施三元复合肥(氮：磷：钾＝30：5：5)40~50千克最适宜。施肥时切忌撒施在地表，因为直接撒在地表，一是会造成肥料挥发损失，二是会对作物形成肥害，使叶片发黄、变白，或根系腐烂，导致植株死亡。

七、防治虫害

玉米苗期害虫种类较多，尤其是夏玉米。目前，苗期为害玉米的主要害虫有地老虎、蚜虫、蓟马、棉铃虫、夜蛾、麦秆蝇等，应及时做好虫情测报工作，发现害虫及时防治。

第二节　中期管理

玉米中期阶段也称穗期阶段，是玉米从拔节至抽雄的一段时间，夏直播玉米一般需要25~30天。拔节就是茎基部节间开始明显伸长，而抽雄是指雄穗(天樱)开始露出剑叶(最后一片)。玉米中期阶段生育特点是，营养生长和生殖生长同时并进，叶片增加增大，茎节伸长，营养生长旺盛，同时雌雄穗开始强烈分化，中期阶段是玉米一生中生长发育最旺盛的阶段。穗期田间管理的主要目标是促叶、壮秆、攻穗，就是以促为主，促控结合，使玉米植株墩实粗壮，叶片生长挺拔有劲，雌雄穗的分化加快，营养生长和生殖生长协调，构建合理产量结构，力争打好丰收基础。

一、玉米生产的气候条件

(一)适宜气象条件

当日平均气温达到18℃以上时，植株开始拔节，最适宜温度为24~26℃；适宜的土壤水分为田间持水量70%左右。拔节后降水量在30毫米，平均气温25~27℃，是茎叶生长的适宜温度。

(二)不利气象条件

气温低于 24℃，生长速度减慢；土壤含水量低于 15%易造成雌穗部分不孕或空秆。

二、抗旱防涝

夏玉米是需水量比较多而又不耐涝的作物，拔节后是攻大穗的关键时期，也是旱、涝、风、雹等灾害性天气多发季节，此时应抗旱、防涝一齐抓，做到旱能及时浇水，涝能及时排水。

(一)浇水

拔节孕穗期玉米生长迅速，水肥需求旺盛，而 7—8 月天气炎热，田间蒸发量大，及时灌溉是玉米夺高产的重要保证。其中，大喇叭口期是玉米雌雄穗分化发育的关键时期，对干旱的反应最为敏感、耗水强度最大，是玉米全生育期的需水临界期，遇旱易形成"卡脖旱"，吐丝期干旱主要影响玉米植株正常的授粉、受精过程，影响籽粒灌浆，使秃尖增多，穗粒数减少，千粒重降低，对产量影响很大。因此，玉米中期管理中要根据当时的天气情况灵活掌握，注意浇好"攻穗水"，避免"卡脖旱"，促进穗部发育，争取穗大粒多。

玉米中期浇水要进行 2 次，第一次在拔节前后浇拔节水，要浅(60 立方米/亩左右)，土壤水分保持在田间持水量的 65%~70%即可；第二次在大喇叭口期灌水，浇足(80 立方米/亩左右)，土壤水分保持在田间持水量的 70%~80%即可。

(二)防涝

玉米虽是需水分较多的作物，但玉米生育中期喜水但不耐渍，对土壤通气要求高，田间长时间积水易导致玉米生理代谢失调，植株干枯，严重影响产量，所以防渍也是玉米田间管理的重要内容，田间持水量超过 80%时，就对玉米生长不利。一定要视土壤墒情合理地保障排灌，保持较大的绿叶面积，促进营养器官中的养分向籽粒中转移，保证粒多、粒重，获取丰收。因此，秋田遇涝要及时开沟排水和中耕散墒，一般玉米田块要开通地头沟、地中沟和排灌沟，做到旱能浇涝能排。地中沟开沟方法为：玉米大喇叭口期，每隔4行玉米用犁开沟，开沟适当深一点，以能顺畅排灌为宜。

三、重视追施穗期肥

在玉米整个生育期中，穗期阶段对矿质养分的吸收量最多、吸收强度最大，是玉米吸收养分最快的时期，最重要的施肥时期。大喇叭口期（第11片至12片叶展开）是玉米追肥的重点时期，大喇叭口期追施氮肥，可有效促进果穗小花分化，实现穗大粒多。穗肥以速效氮肥效果为好，可根据地力、苗情等情况来确定施肥量，施肥量应占氮肥总施肥量的60%~70%，一般每亩可追施尿素25~30千克，尽量不要追施含有磷、钾的复混肥料。追肥方式可在行侧开沟或在植株一旁开穴深施或条施，施肥后覆土，最好结合灌溉或在有效降雨期间施用，以提高肥效，切忌在土壤表面撒施，以防造成肥料损失。

四、做好病虫害防治

夏玉米生长中期主要病害有大斑病、小斑病等叶斑病。主要虫害有玉米螟、黏虫、蓟马等。一定要通过预报预测，加强预防控制。

五、中耕培土

中耕可以疏松土壤、铲除杂草、蓄水保墒、利于根系发育，同时可去除田间杂草并使土壤更多地接纳雨水。培土则可以刺激次生根发育，有效地防止因根系发育不良引起的根倒。拔节至小喇叭口期（6叶展至10叶展）应进行深中耕，深度6~7厘米，通过中耕，灭麦茬松土、除草，并可促进有机物质分解，改善玉米的营养条件，促进新根大量形成，扩大吸收营养物质范围，还能提高地温，对玉米的健壮生长有重要意义。

中耕和培土作业可结合起来进行，大喇叭口时，结合施肥进行中耕培土，连续两次，增厚玉米根部土层，利于气生根形成伸展，增强抗倒能力，培土高度以 7~8 厘米为宜，行间深一些、根旁浅一些。排水良好的地块不宜培土太高，在潮湿、黏重地块以及大风多雨地区，培土的增产效果比较明显。培土对防倒抗倒、供应营养物质以及防涝均有重要意义。

六、去分蘖

玉米每个节位的叶腋处都有一个腋芽，除去植株顶部 5~8 节的叶芽不发育以外，其余腋芽均可发育；最上部的腋芽可发育为果穗，而靠近地表基部的腋芽则形成分蘖。由于玉米植株的顶端优势现象比较强，一般情况下基部腋芽形成分蘖的过程受到抑制，所以，生产上玉米植株产生分蘖的情况也比较少见。

（一）夏玉米产生分蘖原因

1. 生长点受到抑制

由于玉米植株的顶端生长点受到不同程度的抑制，植株矮化而产生分蘖。例如，植株感染粗缩病，苗后除草剂产生药害，控制植株茎秆高度的矮化剂形成的药害，苗期高温、干旱造成的影响等都可能生成玉米分蘖。

2. 品种

品种之间存在着差异，有的品种分蘖多，有的品种分蘖少。

3. 土壤肥水力

土壤肥水力越高，分蘖越多，在生长初期的头几周内土壤养分和水分供应充足时，分蘖能最大限度地发出，分蘖性强的杂交种每株可能形成 1 个或多个分蘖，如果生长季早期环境适宜即使在高密度下也仍能如此。

4.密度低产生分蘖

稀植或缺苗断垄，几乎所有的玉米杂交种的植株都能适时的利用土壤中有效养分和水分形成一个或者多个分蘖。同样的品种，种植密度小的时候，分蘖多一些，反之少一些。

(二)夏玉米产生分蘖的应对措施

作为大田粒玉米生产，田间出现分蘖后应该尽早拔除，拔除分蘖的时间越早越好，以减少分蘖对植株体内养分的损耗和对生长造成的影响。拔除分蘖的时间以晴天的9—17时为宜，以便使拔除分蘖以后形成的伤口能够尽快愈合，减少病虫侵染和为害的机会。但是，作为青贮玉米或青饲玉米生产的地块，田间出现分蘖以后，可以不拔除。

七、防止倒伏减产

倒伏尤其是中后期倒伏是限制玉米增产的主要因素。在种植耐密植抗倒伏品种、合理密植、合理施肥、中耕培土、及时去除小弱空株等措施的基础上，如发现密度过大、有严重倒伏危险的地块可提前喷施植物生长调节剂，如在孕穗前用50%矮壮素水剂150毫升，对水30千克喷雾，加以预防。

八、喷施叶面肥

如果前期连续低温，影响了玉米生育进程，可结合喷施杀虫剂喷施叶面肥，促进玉米的生长，还可以缓解除草剂对玉米的伤害。为防止后期脱肥，确保植株健壮生长，也可结合病虫防治进行叶面施肥，每亩用尿素200~300克加磷酸二氢钾100~120克，对水30千克，再加入杀虫药兼防治喷施。

第三节　玉米的后期管理

玉米生长发育的后期阶段也叫玉米花粒期阶段，是指从抽雄到成熟期间的生长发育阶段，包括开花、散粉、吐丝、受精及籽粒形成，经历 50 天左右。这一阶段的生长发育特点是：根、茎、叶等营养器官生长发育基本结束，由穗期的营养生长和生殖生长并进，转为以开花散粉、受精结实为中心的生殖生长时期，籽粒开始灌浆后根系和叶片逐渐衰亡直至成熟，是形成产量、决定穗粒数和粒重的关键时期。玉米花粒期阶段管理的目标是：促秆壮穗，防止倒伏，防治病虫害，为开花、授粉、结实创造有利条件，保证植株正常授粉受精，促进籽粒灌浆；防止后期叶片早衰，又要防贪青晚熟，以达到穗多、穗大、粒饱、高产的丰产长相。

一、气候条件

（一）适宜气象条件

抽穗至开花期月平均气温 25~28℃，空气相对湿度 65%~90%，田间持水量 80% 左右为最好；抽雄前 10 天至后 20 天，适合有机质合成、转化和输送的温度是 22~24℃，此期需水量占玉米整个生育期总需水量的 13.8%~27.8%。

灌浆阶段最适宜的温度条件是 22~24℃，快速增重期适宜温度 20~28℃，要求积温 380℃ 以上；最适宜灌浆的日照时数 7~10 小时；土壤含水量不低于 18%，此期需水量占玉米整个生育期总需水量的 19.2%~31.5%。

（二）不利气象条件

抽穗至开花期高于 35℃，空气相对湿度低于 50%、土壤含水量低于 15%，易造成捂包或花丝的枯萎；若气温低于 24℃ 则不利于抽雄，阴雨或气温低于 18℃，将会造成授粉不良。

灌浆阶段，16℃ 是停止灌浆的界限温度，遇到 3℃ 的低温，即完全停止生长，影响成熟和产量；气温高于 25~30℃，则呼吸消耗增强，功能叶片老化加快，籽粒灌浆不足。

二、适期浇水

玉米抽雄至开花期是需水高峰期，土壤相对含水量要达到80%左右；籽粒形成至蜡熟期需要充足的水分，此期土壤相对含水量以 70%~75% 为宜。尤其是抽穗前后如干旱缺水，将造成大幅度减产，甚至绝收，这就是所谓"卡脖旱"，即雄花穗因过于干旱，花序难以抽出，或勉强抽出却因干旱而枯死，农民俗称"晒花"，故抽穗前如干旱必须及时灌溉，抽穗后灌浆的乳熟期，同样不可受旱，如逢天旱，也应适量灌溉才能保证稳产高产。若土壤含水量低于下限就应浇水，遇涝应及时排水，灌浆期灌水可以增强玉米植株活力，提高玉米叶片的光合作用和结实率，促进营养物质向穗部转移，以及果穗的整体发育，防止果穗顶端籽粒败育，可增产 13%~25%。

该阶段应该根据天气、墒情等环境条件，浇好 2 次水。第一次在开花至籽粒形成期，是促粒数的关键水，充分供给水分，对提高花粉生活力和受精能力，增强玉米结实力，减少秃顶缺粒有重要作用；第二次在乳熟期，是增加粒重的关键水。

同时，如果降雨多，土壤和空气湿度大，甚至出现田间渍水，根系活力受阻，不利于开花授粉，影响授粉受精；籽粒灌浆过程中，如果田间积水，应及时排涝。因此，大雨过后应及时查田清沟，排除田间渍水，防止涝害。

三、追攻粒肥

玉米生长后期叶面积大，光合效率高，叶片功能期长，是实现高产的基本保证。而玉米绿叶活秆成熟的重要保障之一就是花粒期有充足的无机营养。因此，为保持叶片的功能始终旺盛，防止早衰，应酌情追施攻粒肥。攻粒肥一般在雌穗开花期前后追施，追肥以氮肥为主，追肥量占总追肥量的 10%~20%，并注意肥水结合。若此期发现缺肥，应及时补追氮素化肥，每亩施尿素 5~10 千克左右，能起到促进籽粒灌浆，提高结实率和粒重的目的，据统计千粒重可增加 22 克左右。

还可采用叶面追肥的方法快速补给。可用 200~300 克的尿素和 500~800 克的过磷酸钙或 30~60 克磷酸二氢钾，对水 30 千克叶面喷施，以维持和延长中、下部和穗位以上叶片的功能时间，制造更多的碳水化合物，促进籽粒形成，并使籽粒饱满，千粒重增加。

四、防治病虫害

夏玉米病虫害的防治要采取"预防为主，综合防治"的原则。玉米后期主要虫害有玉米螟、棉铃虫、黏虫、红蜘蛛和蚜虫等；主要病害有大斑病、小斑病、茎腐病和穗腐病等，当达到一定防治指标时，及时进行防治。

五、隔行（株）去雄和人工授粉

（一）去雄

每株玉米雄穗可产 2 500 万~3 700 万个花粉粒。1 株玉米的雄穗至少可满足 3~6 株玉米果穗花丝授粉的需要。由于花粉粒从形成到成熟需要大量的营养物质，为了减少植株营养物质的消耗，使之集中于雌穗发育，可在玉米抽雄始期（雄穗刚露出顶叶，尚未散粉之前），及时地隔行（株）去雄，即每隔 1 行（株）拔除 1 行（株）的雄穗，让相邻 1 行（株）的雄穗花粉落到拔掉雄穗的玉米植株花丝上，使其形成异花授粉，一般不超过全田株数的 1/2。这样能够增加果穗穗长和穗重，双穗率有所提高，植株相对变矮，田间通风透光条件得到改善，提高光合生产率，因而籽粒饱满，提高产量。据试验，玉米隔行（株）去雄可增产 10%左右。靠田边、地头处不要去雄，以免影响授粉。去雄时应尽量少带叶或不带叶，以免减产。抽出的雄穗应扔于田外，因其上有玉米螟等病虫，不可扔于田间。

（二）人工辅助授粉

玉米是同株异花作物，天然杂交率很高，不利的气候条件常常引起雌雄脱节而影响正常的授粉、受精过程，使穗粒数减少，最终导致减产。在玉米抽雄至吐丝期间，低温、寡照以及极端高温等不利天气条件均会导致雌雄发育不协调，特别是吐丝时间延迟，影响果穗结实。在出现上述天气情况时，可在散粉期间采用人工辅助授粉的方法来弥补果穗顶部迟出花丝的授粉，克服干旱或降雨过多等不利因素的影响，提高玉米植株结实率，减少秃顶，增加穗粒数，实现粒大粒饱，达到增产。

进行人工辅助授粉，可以在早晨花粉散花时，摘取 2~3 个雄花穗分枝，把花粉抖落在雌穗花系上，一般可连续进行 2~3 次。另外一种比较简单的做法是，在两个竖杆顶端横向绑定一根木棍或粗绳，在有效散粉期内，两人手持竖杆横跨几行玉米顺行行走，用木棍或粗绳来击打雄穗，帮助花粉散落。人工辅助授粉过程宜在晴天 9 时以后至 16 时以前进行。

六、去除空秆、病株和无效穗

在玉米田内，总有一定数量的植株形成不结果穗的空秆或低矮小株，它们不但白白地消耗养分，而且还会影响其他植株的光合作用。对这样华而不实的植株，一定要结合去雄和人工授粉等工作，及早将其拔掉，还要注意拔除病株、小株、弱株、杂株和分蘖，从而把有限的养分集中供应给正常的植株。玉米可长出几个果穗，但成熟的只有 1 个，最多是 2 个。为促早熟增产，每棵玉米植株最好保留最上部的 1 个果穗，其他全部除掉，但要注意，在掰除玉米多余穗时，不能损伤和掰除穗位叶，否则会得不偿失。这样可以改善田间通风透光条件，减少肥料消耗，利于植株正常生长发育，促使大穗大粒的形成，提高产量。

七、防治玉米倒伏

由于秋季多风,往往造成玉米倒伏,因此,在玉米追肥后要及时培土,防止倒伏的发生。培土能增加玉米气生根的形成,增强玉米抗倒伏性能。

若玉米生长期出现倒伏现象将严重影响产量的形成,严重的可造成绝收。玉米生长发育后期倒伏多为根倒,由于上部较重,植株很难直立,必须在暴风雨过后立即扶起,时间拖延越长,减产越重。在扶起时,要使茎秆与地面形成适当角度。若扶得过直,伤根多则减产加重。根据以往经验,玉米根倒扶起的适宜角度为30°~50°,扶起的时间越早越好,扶起的同时要将玉米根部用土培好。

八、适时收获

玉米晚收,是相对农村玉米收获过早而言的。目前,农民朋友仍然习惯在玉米果穗苞叶发黄甚至发白时就收获,此时收获最多获得玉米最高产量的90%。如果农民朋友能在习惯收获期往后再推7~10天,就能使玉米增产10%左右。玉米适当晚收,既能够使玉米产量提高,又可以显著改善玉米的品质。因为玉米只有在完全成熟的情况下,粒重最大,产量最高。收获偏早,成熟度差,粒重低,产量下降。同时,玉米晚收还可以增加蛋白质、氨基酸数量,提高商品质量。玉米适当晚收不仅能增加籽粒中淀粉含量,其他营养物质也随之增加。另外,适期收获的玉米籽粒饱满充实,籽粒比较均匀,小粒、秕粒明显减少,籽粒含水量比较低,便于脱粒和贮存。现在越来越多的人在理论上懂得了玉米适当晚收即可增产的道理,但是在夏玉米生产实践中却没有完全做到,主要是担心延误小麦播种,造成小麦减产。

（一）晚收的可行性

1. 时间允许

现在的农业生产机械化程度提高了，从玉米腾茬到小麦播种的时间已大大缩短，在正常年份适当推迟玉米收获期并不影响适时种麦。正常年份在 9 月 15 日左右收获玉米，推迟到 9 月 25 日前后，完全不会影响高产小麦品种的适时播种和高产，即能在 10 月 10 日前后赶上种麦适播期，并且一般还比 10 月 10 日前播种的小麦病虫害略轻，群体发育更容易协调，旺长和倒伏的危险降低，造成减产的可能性很小。所以，玉米适期晚收能充分挖掘玉米增产潜力，不用增加任何生产成本，不影响小麦生产。

2. 简单易行

玉米晚收则是一项不用增加成本投入、没有任何技术难度、也不影响小麦适时播种的一项重要增产措施。每推迟 1 天收获，千粒重平均提高 3 克左右，增产效果明显。

（二）晚收的好处

1. 可以充分利用自然条件

玉米晚收增产的主要原因是延长了玉米的生育时间，充分利用了黄淮海地区 9 月中下旬昼夜温差大，光照充足，可以合成更多的营养物质。

2. 可以延长籽粒灌浆时间

生育期不足减产的首要因素是缩短了玉米的灌浆时间，晚播或早收对玉米开花期以前的生长时间影响很小，主要是减少了籽粒灌浆期的时间，而玉米绝大部分的籽粒产量又是在灌浆期间形成的。开花以前所占的时间虽然很长，但生产的干物质通常不到最后总干重的一半。开花前叶片的光合产物只是为了后期的籽粒生产奠定基础，很少能够直接用于籽粒生产。从开花到成熟的时间虽短，但对产量形成却十分重要。此期叶片光合产物大部分输送到籽粒中去形成产量，灌浆期间不但干物质生产的数量大，而且主要用于籽粒建成，直接关系到经济系数的高低。玉米 80%～90% 的籽粒产量来自于灌浆期间的光合产物，只有 10%～20% 是开花前贮藏在茎、叶鞘等器官内，到灌浆期再转运到籽粒中来的。因此，灌浆期越长，灌浆强度越大，玉米产量就越高。

3. 可以增加千粒重

玉米只有在完全成熟的情况下，粒重最大，产量最高。收获偏早，成熟度差，粒重低，产量下降。有些地方有早收的习惯，常在果穗苞叶刚变白时收获，此时千粒重仅为完熟期的 90% 左右，一般减产 10% 左右，应予以纠正。

当前生产上应用的紧凑型玉米品种多有"假熟"现象，即玉米苞叶提早变白而籽粒尚未停止灌浆。这些品种往往被提前收获。一般在授粉后 40～45 天，即乳线下移到 1/2～3/4 时已经收获，比完全生理成熟要早 8～10 天，一般减产 8% 左右，中晚熟品种的减产幅度则达到 10% 以上。

4. 可以提高品质

玉米适当晚收不仅能增加籽粒中淀粉产量，其他营养物质也随之增加。玉米籽粒营养品质主要取决于蛋白质及氨基酸的含量。籽粒营养物质的积累是一个连续过程，随着籽粒的充实增重，蛋白质及氨基酸等营养物质也逐渐积累，至完熟期达最大值。玉米籽粒中蛋白质及氨基酸的相对含量随淀粉量的快速增加呈下降趋势，但绝对含量却随粒重增加呈明显上升趋势，完熟期达到最高值，表明延期收获也能增加蛋白质和氨基酸数量。

此外，适期收获的玉米籽粒饱满充实，籽粒比较均匀，小粒、秕粒明显减少，籽粒含水量比较低，便于脱粒和贮存，商品质量会有明显提高。

（三）玉米适期收获的主要标志

判断玉米是否正常成熟不能仅看外表，而是要着重考察籽粒灌浆是否停止，以生理成熟作为收获标准。

1. 籽粒基部黑色层形成

玉米成熟时是否形成黑色层，不同品种之间差别很大。有的品种成熟以后再过一定时间才能看到明显的黑色层。玉米籽粒黑色层形成受水分影响极大，不管是否正常成熟，籽粒水分降低到32%时都能形成黑色层，所以黑色层形成并不完全是玉米正常成熟的可靠标志。

2. 籽粒乳线消失

每个玉米籽粒的灌浆过程最早从籽粒顶端开始，已经灌浆的部分会变硬、变黄（白粒品种变白），而未灌浆部分则呈现清乳状；在籽粒灌浆与未灌浆部位之间就会出现一条明显的界线，这一界限被称为"乳线"。玉米籽粒乳线的形成、下移、消失是一个连续的过程。生育期100天左右的品种授粉26天前后，籽粒顶部淀粉沉积、失水，成为固体，形成了籽粒顶部为固体、中下部为乳液的固液界面，这个界面就是乳线，此时称为乳线形成期。有时从籽粒外表看乳线不太明显，过1~2天以后才明显可见。乳线形成期籽粒含水量51%~55%，千粒重为最大值的65%左右。

随着籽粒灌浆过程的不断进行，"乳线"的位置也逐渐由籽粒顶部向基部移动，当授粉后50天左右时，乳线消失时籽粒即停止灌浆。因此，"乳线"的消失是籽粒结束灌浆过程的标志，"乳线"的位置越靠近基部，籽粒的成熟度越好、千粒重越高。

生产上，玉米果穗下部籽粒乳线消失，籽粒含水量30%左右，果穗苞叶变白而松散时收获粒重最高，玉米的产量也最高，可以作为适期收获的主要标志。

3. 外观

当果穗苞叶枯黄，植株中上部仍有 7~8 片绿叶时收获，千粒重为 318 克，相当于成熟时粒重的 92.9%；当果穗苞叶枯黄，植株还有 5 片左右绿叶时收获，千粒重为 333 克，为成熟时粒重的 98.8%；果穗苞叶枯黄并松动，植株只有 1~2 片绿叶时收获，千粒重最高，为 345 克。所以，只有当玉米苞叶变白、干枯、松散，籽粒有光泽时收获，产量才最高。

玉米晚收必须以延长活秆绿叶时间为前提，青枝绿叶活棵成熟才能实现玉米高产。玉米生长中后期要加强肥水管理，延长叶片的光合时间，防止早衰。同时要坚决杜绝成熟前削尖、打叶现象。

第五章　玉米的肥水管理

第一节　矿质元素在玉米生长发育中的作用

一、大量元素的生理作用

1. 氮

氮是玉米生长发育过程中需要量最大的元素，是蛋白质中氨基酸的主要组成成分，占蛋白质总量的 17% 左右；参与玉米营养器官建成、生殖器官发育与蛋白质代谢密不可分；是酶以及许多辅酶和辅基的组成成分；是构成叶绿素的主要成分，而叶绿素是叶片进行光合作用、制造同化物的主要色素；是某些植物激素如生长素、细胞分裂素、维生素(如维生素 B_1、维生素 B_2、维生素 B_6)等的成分。

2. 磷

磷是植物体内许多重要有机化合物的成分(如核酸、磷脂、腺三磷等)，并以多种方式参与植物体内的生理、生化过程，对植物的生长发育和新陈代谢都有重要作用。磷素进入根系后很快转化为磷脂、核酸和某些辅酶等，对根尖细胞的分裂和幼嫩细胞的增殖有显著的促进作用。因此，磷素不但有助于苗期根系的生长，还可提高细胞原生质的黏滞性、耐热性和保水能力，降低玉米在高温下的蒸腾强度，增加玉米植株的抗旱性。磷素直接参与糖、蛋白质和脂肪的代谢，可促进玉米植株的生长发育。提供充足的磷不仅能促进幼苗生长，并且能增加后期的籽粒数，在玉米生长中后期，磷还能促进茎、叶中的糖分向籽粒中转移，从而增加千粒重、提高产量、改善品质。另外，磷也参与植物氮代谢，若磷不足则影响蛋白质的合成，严重时蛋白质还会分解，从而影响氮素的正常代谢。

3. 钾

玉米对钾的需要仅次于氮，钾在玉米植株中完全呈离子状态，主要集中在玉米植株最活跃的部位。钾对多种酶起活化剂的作用，可激活果糖磷酸激酶、丙酮酸磷酸激酶等，促进呼吸作用；有利于单糖合成更多的蔗糖、淀粉、纤维素和木质素，促进茎机械组织与厚角组织发育，增加植株的抗倒伏能力；钾能促进核酸和蛋白质的合成，调节细胞内渗透压，促使胶体膨胀，使细胞质和细胞壁维持正常状态，保证新陈代谢和其他生理生化活动的顺利进行；调节气孔的开闭，减少水分散失，提高叶片水势和保持叶片持水力，使细胞保水力增强，从而提高水分利用率，增强玉米的耐旱能力。钾还能促进雌穗发育，增加单株穗数，尤其对多果穗品种效果更显著。

4. 钙

钙是细胞壁的构成成分，与中胶层果胶质形成果胶酸钙被固定下来，不易转移和再利用，所以，新细胞的形成需要充足的钙。钙影响玉米体内氮的代谢，能提高线粒体的蛋白质含量，活化硝酸还原酶，促进硝态氮的还原和吸收；钙离子能降低原生质胶体的分散度，增加原生质的黏滞性，减少原生质膜的渗透性；能与某些离子产生拮抗作用，以消除离子过多的伤害；钙是某些酶促反应的辅助因素，如淀粉酶、磷脂酶、琥珀酸脱氢酶等都用钙做活化剂；钙抑制水分胁迫条件下玉米幼苗质膜相对透性的增大及叶片相对含水量下降以及减轻玉米胚根在盐胁迫下的膜伤害和提高胚根在盐胁迫下的细胞活力，提高玉米耐旱与抗盐性。

5. 镁

镁是叶绿素的构成元素，与光合作用直接相关。若缺镁，则叶绿素含量减少，叶片褪绿。镁是许多酶的活化剂，有利于玉米体内的磷酸化、氨基化等代谢反应；能促进脂肪的合成，高油玉米需要充分的镁素供应；活化磷酸转移酶，促进磷的吸收、运转和同化。

6. 硫

硫是酶和蛋白质的组成元素，是许多酶的成分，这些含有巯基（-SH）的酶类影响呼吸作用、淀粉合成、脂肪和氮代谢。组成蛋白质的半胱氨酸、胱氨酸和蛋氨酸等含硫氨基酸含硫量可达 21%~27%。施硫能提高作物必需的氨基酸，尤其是蛋氨酸的含量，而蛋氨酸在许多生化反应中可作为甲基的供体，是蛋白质合成的起始物。硫还参与植物的呼吸作用、氮素和碳水化合物的代谢，并参与胡萝卜素和许多维生素、酶及酯的形成。

二、微量元素的生理作用

1. 硼

硼能与酚类化合物络合，克服酚类化合物对吲哚乙酸氧化酶的抑制作用，在木质素形成和木质部导管分化过程中，对羟基化酶和酚类化合物酶的活性起控制作用；能促进葡萄糖-1-磷酸的循环和糖的转化；和细胞壁成分紧密结合，能保持细胞壁结构完整性；硼影响 RNA，尤其是尿嘧啶的合成。硼能加强作物光合作用，促进碳水化合物的形成；能刺激花粉的萌发和花粉管的伸长；能调节有机酸的形成和运转；促进光合作用，增强耐寒、耐旱能力。硼易于从土壤或植株的叶片中淋溶掉，降水多的地区土壤中经常缺硼。

2. 锰

锰是维持叶绿体结构的必需元素，而且还直接参与光合作用中的光合放氧过程，主要是在光合系统 II 的水氧化放氧系统中参与水的分解；锰参与植物体内许多氧化还原体系的活动。在叶绿体中，锰可被光激活的叶绿素氧化，成为光氧化的 Mn^{3+}，可使植物细胞内的氧化还原电位提高，使部分细胞成分被氧化；锰参与植物体许多酶系统的活动，主要是作为酶的活化剂而不是酶的成分。锰所活化的是一系列酶促反应，主要是磷酸化作用、脱羧基作用，还原反应和水解反应等，因此，锰离子与植物呼吸作用、氨基酸和木质素的合成关系密切；锰也影响吲哚乙酸（IAA）的代谢，是吲哚乙酸合成作用的辅因子，植物体内锰的变化将直接影响 IAA 氧化酶的活性，缺锰将导致 IAA 氧化酶活性提高，加快 IAA 分解。

3. 锌

锌以 Zn^{2+} 形式被植物吸收，锌在植物体内主要是作为酶的金属活化剂，最早发现的含锌金属酶是碳酸酐酶，该酶在植物体内分布很广，主要存在于叶绿体中，催化二氧化碳的水合作用，促进光合作用中二氧化碳的固定，缺锌可导致碳酸酐酶的活性降低，因此，锌对碳水化合物的形成非常重要；锌在植物体内还参与生长素（吲哚乙酸）的合成，缺锌时植物体内的生长素含量有所降低，生长发育出现停滞状态；施锌有利于提高玉米生长后期穗叶的 SOD 活性，降低 MDA 含量，从而降低氧自由基的伤害。

4. 铁

玉米叶片中 95% 的铁存在叶绿体中，铁是合成叶绿素所必需的元素，主要以 Fe^{2+} 的螯合物被吸收，进入植物体内则处于被固定状态而不易移动。铁是许多酶的辅基，如细胞色素、细胞色素氧化酶、过氧化物酶和过氧化氢酶等。在这些酶中铁可

以发生 $Fe^{3+}+e=Fe^{2+}$ 的变化，在呼吸电子传递中起重要作用。细胞色素也是光合电子传递链中的成员，光合链中的铁硫蛋白和铁氧还蛋白都是含铁蛋白，均参与光合作用中的电子传递。铁影响玉米氮代谢，不但是硝酸还原酶和亚硝酸还原酶的组分，还增加玉米新叶片中硝酸还原酶的活性和水溶性蛋白质的含量。

5. 钼

钼以钼酸盐的形式被植物吸收，当吸收的钼酸盐较多时，可与一种特殊的蛋白质结合而被贮存。钼是硝酸还原酶的组成成分，缺钼则硝酸不能还原，呈现出缺氮病症。同时钼还参与光合作用、磷素代谢和某些重要复合物的形成。

6. 铜

在通气良好的土壤中，铜多以 Cu^{2+} 的形式被吸收；而在潮湿缺氧的土壤中，则多以 Cu^+ 的形式被吸收。铜是多酚氧化酶、抗坏血酸氧化酶的成分，在呼吸的氧化还原中起重要作用；铜也是质蓝素的成分，它参与光合电子传递，故对光合有重要作用。

7. 氯

氯以氯离子(Cl^-)形态通过根系被植物吸收，地上部叶片也可以从空气中吸收氯。在植物体内氯主要维持细胞的膨压及电荷平衡，并作为钾的伴随离子参与调节叶片上气孔的开闭，影响到光合作用与水分蒸腾。同时氯在叶绿体中优先积累，对叶绿素的稳定起保护作用。氯活化若干酶系统，在细胞遭破坏、正常的叶绿体光合作用受到影响时，氯能使叶绿体的光合反应活化。适量的氯还能促进氮代谢中谷氨酰胺的转化以及有利于碳水化合物的合成与转化。

第二节　常用肥料品种及有效成分

一、氮肥

氮肥主要有尿素（含纯氮 46%）、碳酸氢铵（含纯氮 17% ~ 18%）、硫酸铵（含纯氮 20% ~ 21%）、硝酸铵（含纯氮 33% ~ 35%）、氯化铵（含纯氮 25% ~ 26%）。

二、磷肥

磷肥主要有过磷酸钙（含五氧化二磷 12% ~ 20%）、重过磷酸钙（含五氧化二磷 40% ~ 50%）、磷酸一铵（含五氧化二磷 56% ~ 60%）、磷酸二铵（含五氧化二磷 51% ~ 53%）、钙镁磷（含五氧化二磷 14% ~ 20%）、三料磷肥（含五氧化二磷 45% ~ 47%）、磷矿粉（含五氧化二磷 10% ~ 20%）。

三、钾肥

钾肥主要有氯化钾（含氧化钾约 60%）、硫酸钾（含氧化钾 50%）、硝酸钾（含氧化钾 40%）、钾镁肥（含氧化钾 20% ~ 30%）。

四、复合肥

复合肥按照生产工艺可以分为配成型复合肥和掺混型复合肥。配成型复合肥包括磷酸一铵、磷酸二铵、硝酸磷肥、硝酸钾、磷酸二氢钾、三元复合肥几种。并用 $N-P_2O_5-K_2O$ 的配合式表示相应氮、磷、钾的百分比含量。二元型复合肥养分配比比较简单，其中磷酸二铵为 18-46-0，磷酸一铵平均为 11-44-0，硝酸磷肥为 27-11-0，硝酸钾为 14-0-39。三元复合肥主要指用磷酸、合成氨和钾等基础原料直接加工而成的复合肥。掺混型复合肥是指用成品单质化肥进行造粒或者直接掺混而成的肥料。

复混肥料根据氮、磷、钾总养分含量不同，可分为低浓度（总养分≥25%）、中浓度（总养分≥30%）和高浓度（总养分≥40%）复混肥。

五、微量元素肥

微量元素肥主要有硼砂（含硼 11%）、硼酸（含硼 17%）、硫酸锰（含锰 26%~28%）、氧化锰（含锰 41%~68%）、硫酸锌（含锌 35%）、七水合硫酸锌（含锌 23%）、硫酸铜（含铜 25%）、钼酸铵（含钼 54.3%）、硫酸亚铁（含铁 18%）。

六、生物肥料

狭义的生物肥料指微生物（细菌）肥料，简称菌肥，又称微生物接种剂，是由具有特殊效能的微生物经过发酵（人工培制）而成，含有大量有益微生物，施入土壤后，或能固定空气中的氮素或能活化土壤中的养分，改善植物的营养环境，或在微生物的生命活动过程中产生活性物质，刺激植物生长的特定微生物制品。

广义的生物肥料泛指利用生物技术制造的、对作物具有特定肥效（或有肥效又有刺激作用）的生物制剂，其有效成分可以是特定的活生物体、生物体的代谢或基质的转化物等，这种生物体既可以是微生物，也可以是动、植物组织和细胞。生物肥料与化学肥料、有机肥料均是农业生产中的重要肥源。

生物肥料的种类很多，按其制品中特定的微生物种类分为细菌肥料、放线菌肥料（如抗生菌类）、真菌类肥料（如菌根真菌类）、固氮蓝藻肥料等。

七、商品有机肥料

目前，我国商品有机肥料大致可分为精制有机肥料、有机无机复混肥料和生物有机肥料 3 种类型。其中，以有机无机复混肥料为主。

精制有机肥料指经过工厂化生产，不含有特定肥料效应微生物的商品有机肥料，以提供有机质和少量大量营养元素养分为主。作为一种有机质含量较高的肥料，精制有机肥料是绿色农产品、有机农产品和无公害农产品生产的主要肥料品种。

有机无机复混肥料由有机和无机肥料混合或化合制成，既含有一定比例的有机质，又含有较高的养分。目前，有机无机复混肥料占主导地位。

生物有机肥料指经过工厂化生产，含有特定肥料效应微生物的商品有机肥料，除含有较高的有机质外，还含有改善肥料或土壤中养分释放能力的功能性微生物。

八、农家肥

农家肥（有机肥料）是农村中利用各种有机物质、就地取材、就地积制的自然肥料的总称，大多是有机肥料。农家肥资源极为丰富，品种繁多，几乎一切含有有机物质并能提供多种养分的材料，包括人粪尿、禽畜粪尿等粪肥，菜籽饼、花生饼、豆饼、茶籽饼等饼肥，以植物性材料为主添加促进有机物分解的物质经堆腐而成的堆肥等。农家肥中含有各类植物生长的必需元素，优点是含有植物生长的各类必需的养分，能改善土壤的团粒结构、提高土壤保肥、保水能力，平衡土壤中的酸碱度，肥效长等。缺点是相对于化学肥料有效含量低及不稳定，效果反应较化学肥料迟，施入量大，施肥劳动强度大，各种不同的农家肥含有营养元素差异大等。各种农家肥有效养分含量见表5-1。

表 5-1　农家肥有效养分含量

名称	有机质(%)	N(%)	P_2O_5(%)	K_2O(%)
人粪尿	5~10	0.5~0.8	0.2~0.4	0.2~0.3
猪粪	13.7~15.0	1.05~2.90	0.64~1.63	0.94~1.05
马粪	20~21	0.4~0.5	0.2~0.3	0.35~0.45
牛粪	14.5~15.0	0.87~2.54	0.39~0.45	0.5~1.1
羊粪	24~27	1.25	0.59	0.95
鸡粪	25.5	1.78~2.25	0.62~1.61	0.85~1.37
牛厩肥	20.3	20.3	0.34	0.25
猪厩肥	25	0.45	0.19	0.60
羊厩肥	31.6	0.83	0.23	0.67
堆肥	15~25	0.4~0.5	0.18~0.26	0.45~0.70
高温堆肥	24~42	1.05~2.0	0.30~0.82	0.47~2.53
饼肥	75~86	1~7	0.3~3.0	1.0~2.5

第三节　玉米施肥量及施肥技术

一、玉米施肥量

玉米全生育期的肥料用量应根据土壤基础肥力、肥料利用率、目标产量等综合确定。中华人民共和国成立后，因施肥量持续增加，导致过量施肥，造成肥料利用率下降。我国玉米氮、磷、钾肥的利用率分别为 25.6%~26.3%、9.7%~12.6%、28.7%~32.4%。因此，根据各地的土壤与气候条件、玉米需肥特性进行配方施肥是实现玉米持续高产的关键措施。

不同产量水平、土壤条件以及不同玉米品种每生产 100 千克籽粒的氮、磷、钾分配比例有所不同。研究表明玉米产量水平在 400~600 千克/亩范围内，紧凑型玉米（掖单 12）与平展型玉米（丹玉 13）生产 100 千克籽粒需要的氮、磷、钾量分别为 2.14 千克、0.39 千克、3.36 千克，1.92 千克、0.54 千克、3.00 千克。

玉米在不同肥力水平下生产 100 千克籽粒的需肥量与土壤肥力呈正相关。随着化肥施用量尤其是氮肥用量的增加，氮肥利用率大大降低，肥料损失率增加。在一定范围内，玉米产量与施氮量呈正相关，但超过一定阈值时，氮肥的玉米增产效应会降低或者消失。张福锁等研究表明，当氮肥施用量超过每亩 16 千克时，玉米产量与氮肥利用率急剧下降。米国华等通过分析总结 20 世纪 90 年代发表的 22 个玉米氮肥优化试验，结果表明，亩产 666.7 千克的最佳施氮量为每亩 13.3 千克左右。

施用氮、磷、钾肥可显著促进玉米增产。施用氮肥可促进玉米的生殖生长，增加穗行数、穗粒数，提高粒重；施用磷肥可明显增加穗粒数；而施钾肥增产则主要是提高粒重，增加穗粒数。毕研文等研究表明，氮、磷、钾单施或配施对夏玉米均有一定的增产增收效果，且不同肥料的增产效果依次为氮肥>钾肥>磷肥，同时施肥还能够显著改善夏玉米的经济性状和籽粒品质。而郭中义等研究表明，氮、磷、钾对玉米产量的影响程度为氮肥>磷肥>钾肥，磷、钾肥增产幅度差别不明显。Rhoads 研究认为，种植春玉米施用氮肥应在前期（大喇叭口期以前）占有较大的比重或全部施入。

二、玉米施肥技术

由于土壤自身的养分状况不能满足玉米整个生育期的需肥量，因此必须通过施肥满足玉米正常生长发育对养分的需求。根据玉米不同生育期的营养吸收规律，玉米的施肥原则是施足基肥、轻施种肥与苗肥、稳施拔节肥、猛攻穗肥、巧施粒肥、酌施微肥。

1. 施足基肥

基肥也叫底肥，包括播种前和移栽前施用的各种肥料。底肥的施用量及其占总施肥量的比例因肥料种类、土壤、播种期等而不同。玉米基肥应以有机肥料为主，基肥用量一般占总施肥量的 60%～70%。基肥充足时可撒施后耕翻入土，如肥料不足，则可全部沟施或穴施。集中施肥有利于减少肥料流失，提高肥料利用率。磷、钾肥宜全部作底肥，氮肥 1/2 作基肥，其余作追肥施入。

春玉米施基肥最好在头一年结合秋耕施用，在春季播种前松土时可再施一部分。施用基肥时，应使其与土壤均匀混合，用量较少时也可作为种肥集中沟施或穴施。夏玉米基肥可在前茬作物收获后结合耕翻施入。秸秆还田和有机肥料作基肥能够提高土壤生产能力，确保玉米持续高产，充分发挥肥料增产效益。对于冬小麦—夏玉米两熟区，小麦收获后，麦秸耕翻还田或高留茬，都可以作为基肥。对土壤肥力较低的土壤，秸秆还田时应配施少量氮肥，以调节碳氮比，加速秸秆腐解。有机肥料作基肥，一般翻埋深度应在 10 厘米以下，以有利于保肥和作物吸收。

氮肥作底肥要深施，以减少氮素挥发损失，利于作物吸收利用。磷、钾肥作基肥时宜与有机肥混合施用，或集中施于10～30 厘米的根系密集层。磷肥当季利用率低，有明显后效，应每年或隔年分配施用，不宜一次性大量施用。

2. 轻施种肥与苗肥

玉米施用种肥增产效果明显，一般可增产 10% 左右。在土地瘠薄、底肥不足或未施底肥的情况下，种肥的增产效果更大。种肥以速效氮素化肥为主，酌情配施适量的磷、钾肥。腐熟的优质农家肥也可作种肥，在夏播玉米来不及施基肥的情况下可补充和代替部分基肥。种肥施在种子的侧下方，距种子 4～5 厘米处，穴施或条施均可。应避免与种子直接接触，以防烧苗。

苗肥应早施、轻施和偏施，以氮素化肥为主。玉米苗期株体小，需肥不多，但养分不足则可导致幼苗纤弱，叶色淡，根系生长受阻，影响中后期的生长。因此，定苗后应及时轻施提苗肥，促进苗壮。苗肥以施用腐熟的人、畜粪尿和速效氮肥为宜。但切忌施用过量，以防幼苗徒长。苗肥应占施肥总量的5%~10%。

3. 稳施拔节肥

拔节肥应稳施，以速效氮肥为主，并适量补充微肥。对基肥不足、苗势较弱的玉米，应增加化肥用量，一般每亩可追施10~15千克碳铵或3~5千克尿素。拔节肥通常在玉米出现7~9片可见叶片时开穴追施，地肥苗壮的应适当迟追、少追，地瘦苗弱的应早施、重施。拔节肥的作用是壮秆，也有一定促进雌雄穗分化的作用。特别是采用中早熟及早熟品种的夏玉米和秋玉米，施用拔节肥，增产效果显著。壮秆肥应注意施用适量，以防节间过度伸长，茎秆生长脆嫩，后期发生倒伏。壮秆肥的施用数量占施肥总量的10%~15%。

4. 猛攻穗肥

穗肥的主要作用是促进雌雄穗的分化，实现粒多、穗大、高产。穗肥用量应占施肥总量的50%左右，以速效氮肥为主，施用的时期一般在抽雄前10~15天，即雌穗小穗小花分化期、小喇叭到大喇叭口期间。生产上还应根据植株生长状况、土壤肥力水平以及前期施肥情况考虑，对基肥不足，苗势差的田块，穗肥应提早施用。穗肥用量应根据苗情、地力和拔节肥施用情况而定，一般每亩施碳铵15~20千克，或者尿素5~8千克。一般土壤瘠薄、底肥少、植株生长较差的，应适当早施、多施；反之，可适当迟施、少施。

5. 巧施粒肥

玉米(特别是春玉米)开花授粉后,可适当补施粒肥,以便肥效在灌浆期发挥作用,促进籽粒饱满,减少秃尖长度,提高玉米的产量和品质。粒肥主要施用速效氮肥,每亩穴施碳铵 3~5 千克即可,也可叶面喷施 0.2%的磷酸二氢钾溶液,每亩喷液量 50 千克左右。粒肥用量占总用肥量的 5%左右。

6. 酌施微肥

(1)锌肥。玉米对锌非常敏感,如果土壤中有效锌少于 1.0 毫克/千克,就需要施用锌肥。常用锌肥有硫酸锌和氯化锌,锌肥的用量因施用方法而异,基施亩用量 0.5~2.5 千克,拌种 45 克/千克,浸种浓度 0.02%~0.05%溶液处理种子 12~24 小时,叶面喷施用0.05%~0.1%硫酸锌溶液。苗期、拔节期、大喇叭口期、抽穗期均可喷施,但以苗期和拔节期喷施效果较好。

(2)硼肥。硼肥作底肥,每亩可用硼砂 100~250 克或硼镁肥 25 千克;浸种时,用 0.01%~0.05%的硼酸溶液浸泡 12~24 小时。

第四节 玉米营养诊断与施肥

营养诊断施肥法是利用生物、化学或物理等测试技术,分析研究直接或间接影响作物正常生长发育的营养元素丰缺、协调与否,从而确定施肥方案的一种施肥技术手段。营养诊断是手段,施肥是目的,所以这一方法的关键是营养诊断。就诊断对象而言,可分为土壤诊断和植株诊断两种;从诊断的方法上可以分为形态诊断、化学诊断、施肥诊断等多种。

营养诊断的主要目的是通过营养诊断为科学施肥提供直接依据,即利用营养诊断这一手段进行因土、看苗施肥,及时调整营养物质的数量和比例,改善作物的营养条件,以达到高产、优质、高效的目的。通过判断营养元素的缺乏或过剩而引起的失调症状，以决定是否追肥或采取补救措施；还可以通过营养诊断查明土壤中各种养分的贮量和供应能力，为制定施肥方案、确定施肥种类、施肥量、施肥时期等提供参考。现对不同营养诊断方法介绍如下。

一、形态诊断

所谓形态诊断是指对作物的症状或长势、长相进行诊断的方法。这对了解植物短时间内的营养状况是一个良好的措施。植物正常生长发育需要吸收各种必需营养元素；如果任何一种营养元素缺乏，其生理代谢就会发生障碍，使植物不能正常生长发育，其根、茎、叶、花或果实在外形上表现出一定的症状，通常称为缺素症。不同作物缺乏同一种营养元素的外部症状不一定完全相同，同一种作物缺乏不同的营养元素的症状则有明显区别，这就为通过识别作物缺素症而诊断作物营养状况提供了可能。如氮、磷、钾、镁、锌等元素，在作物体内具有再利用的特点，当缺乏时，他们可以从下部老叶转移到上部新叶而被再度利用，所以缺素症首先从下部老叶表现出来；而钙、硼、铁、硫等其他元素因在体内移动性差、能被利用的数量很低，缺素症最先在上部新生组织上表现出来。同在老叶上出现症状条件下，如果没有病症，可能是缺氮或缺磷；如果有病斑，可能是缺钾、缺锌或缺镁。症状从新叶开始出现的情况下，如果容易出现顶芽枯死，可能是缺硼或缺钙，而缺其他元素时，一般不出现顶芽枯死。下面列出一些玉米的缺素症状，供诊断时参考。同时，需要说明的是，要准确快速的识别作物缺素症，需要积累大量的经验，为防止诊断失误，最好与测土相结合，相互印证，从而确诊作物"病因"，做到"对症下药"。

(一)玉米氮素失调症及其防治方法

1. 缺氮症

许多作物在缺氮时，自身能把衰老叶片中的蛋白质分解，释放出氮素并运往新生叶片中供其利用。由此，作物缺氮的显著特征是植株下部叶片首先褪绿黄化，然后逐渐向上部叶片扩展。作物叶片出现淡绿色或黄色表示有可能缺氮。苗期缺氮植株生长受阻而显得矮小、瘦弱，叶片薄而小。玉米植株缺氮时，生长缓慢，株型矮小，茎细弱；叶色褪淡，叶片由下而上失绿黄化，症状从叶尖沿中脉间向基部发展，先黄后枯，呈"V"字形；中下部茎秆常有红色或紫红色；果穗变小，缺粒严重，成熟提早，产量和品质下降。

2. 氮素过剩症

氮素过多会使玉米生长过旺，引起徒长；叶色深浓，叶面积过大，田间相互遮阴严重，碳水化合物消耗过多，茎秆柔弱，纤维素和木质素减少，易倒伏，组织柔嫩，易感病虫害。另外，氮肥使用过多会使作物贪青晚熟，产量和品质下降，影响下茬作物的播种。

3. 防治方法

(1)缺氮症的防治。

①培肥地力，提高土壤供氮能力。对于新开垦的、熟化程度低的、有机质贫乏的土壤及质地较轻的土壤，要增加有机肥料的投入，培肥地力，以提高土壤的保氮和供氮能力，防止缺氮症的发生。

②在大量施用碳氮比高的有机肥料(如秸秆)时，应注意配施速效氮肥。

③在翻耕整地时，配施一定量的速效氮肥作基肥。

④对地力不均引起的缺氮症，要及时追施速效氮肥。

⑤必要时喷施叶面肥(0.2%的尿素)。

（2）氮素过剩症的防治。

①根据玉米不同生育期的需氮特性和土壤供氮特点，适时、适量地追施氮肥，应严格控制用量，避免追施氮肥过晚。

②在合理轮作的前提下，以轮作制为基础，确定适宜的施氮量。

③合理配施磷钾肥，以保持植株体内氮、磷、钾的平衡。

（二）玉米磷素失调症其防治方法

1. 缺磷症

作物缺磷时，生长缓慢，矮小瘦弱、直立、分枝少，叶小易脱落，色泽一般，呈暗绿色或灰绿色，叶缘及叶柄常出现紫红色，根系发育不良，成熟延迟，产量和品质降低。缺磷一般先从茎基部老叶开始，逐渐向上发展。缺磷的植株，因为碳水化合物代谢受阻，有糖分积累，易形成花青素。玉米缺磷时，生长缓慢，植株矮小，瘦弱；从幼苗开始，在叶尖部分沿叶缘向叶鞘发展，呈深绿带紫红色，逐渐扩大到整个叶片，症状从下部叶转向上部叶，甚至全株紫红色，严重缺磷叶片从叶尖开始枯萎呈褐色，抽丝吐丝延迟，雌穗发育不完全，弯曲畸形，结实不良，果穗弯曲、秃尖。

2. 磷素过剩症

磷肥施用过量造成作物的叶片肥厚而密集，叶色浓绿，植株矮小，节间过短，出现生长明显受抑制的症状。繁殖器官常因磷肥过量而加速成熟进程，由此造成营养体小，茎叶生长受抑制，产量低。磷素过剩症有时与微量元素缺乏症伴生。

3. 防治方法

（1）合理施用磷肥。

①早施、集中施用磷肥。大多数作物在生育前期对缺磷比较敏感，吸收的磷占总需磷量的比例也较大，通常50%的磷是在植株干物质积累达到总生物量的25%以前吸收的，且磷在作

物体内的再利用率较高，生育前期吸收积累充足的磷，后期一般就不会发生因缺磷而导致作物减产。所以，磷肥必须早施。同时，由于磷在土壤中的移动性较小，而生育前期作物根系的分布空间有限，不利于对磷的吸收，所以磷肥要适当集中施用，如蘸根、穴施、条施等。

②选择适当的磷肥类型。一般以土壤的酸碱性为基本依据，在缺磷的酸性土壤上宜选用钙镁磷肥、钢渣磷肥等含石灰质的磷肥；缺磷十分严重时，生育初期可适当配施过磷酸钙；在中性或石灰性土壤上宜选用过磷酸钙、磷酸一铵、腐殖酸磷肥或复混肥。

③配施有机肥料和石灰。在酸性土壤上应配以有机肥料和石灰，以减少土壤对磷的固定，促进微生物的活动和磷的转化与释放，提高土壤中磷的有效性。

（2）田间管理措施。

①选择适当的品种。一是选用耐缺磷的玉米品种，二是对易受低温影响而诱发缺磷的作物，可选用生育期较长的中、晚熟品种，以减轻或预防缺磷症的发生。

②培育壮苗。在土壤上施足磷肥及其他肥料，适时播种，培育壮苗。壮苗抗逆能力强，根系发达，有利于生育前期对磷的吸收。

③水分管理。对于有地下水渗出的土壤，要因地制宜开挖拦水沟和引水沟，及时排出冷水，提高土壤温度和磷的有效性，防止缺磷发僵。

（三）玉米钾素失调症及防治方法

1. 缺钾症

玉米缺钾症多发生在生育中后期，表现为植株生长缓慢、矮化，中下部老叶叶尖及叶缘黄化、焦枯；节间缩短，叶片与茎节的长度比例失调，叶片长，茎秆短，二者比例失调而呈现叶片密集堆叠矮缩的异常株型。茎秆细小柔弱，易倒伏，成熟期推迟，果穗发育不良，型小粒少，籽粒不饱满，产量锐减；籽粒淀粉含量低，皮多质劣。严重缺钾时，植株首先在下部老叶上出现失绿并逐渐坏死，叶片暗绿无光泽。叶尖及两缘先黄化，随后黄化向叶内侧脉间扩展，进而叶缘变褐色、干枯，并逐渐坏死。根系短而少，易早衰，严重时腐烂。

2. 防治方法

（1）合理施用钾肥。

①确定钾肥的施用量。我国钾肥资源贫乏，钾肥主要依靠进口，切忌盲目施用钾肥。一般每亩施用 $6 \sim 10$ 千克钾肥（以 K_2O 计）。

②选择适当的钾肥施用期。由于钾在土壤中较易淋失，钾肥的施用应做到基肥与追肥相结合。在严重缺钾的土壤上，化学钾肥作基肥的比例应适当大一些，当然还需考虑是否有其他钾源。在作物吸氮高峰期（如玉米在分蘖期、大喇叭口期等）要及时追施钾肥，以防氮钾比例失调而促发缺钾症。在有其他钾源（如秸秆还田、有机肥料、草木灰等）作基肥时，化学钾肥以在生育中后期作追肥为宜。

③广辟钾源。充分利用秸秆、有机肥料和草木灰等钾肥资源，实行秸秆还田，增施有机肥料和草木灰等，促进农业生态系统中钾的再循环和再利用，缓解钾肥供需矛盾，能有效地防止钾营养缺乏症的发生。

（2）田间管理措施。

①控制氮肥用量。目前生产上缺钾症的发生在相当大的程度上是由于氮肥施用过量引起的，在供钾能力较低或缺钾的土壤上确定氮肥用量时，尤其需要考虑土壤的供钾水平，在钾肥施用得不到充分保证时，更要严格控制氮肥的用量。

②水分管理。以开沟排水与施用钾肥相结合的方法防治缺钾症的效果更为显著。

（四）玉米钙素失调症及防治方法

1. 缺钙症

作物缺钙时，生长点首先出现症状，轻则呈现凋萎，重则生长点坏死。幼叶变形，叶尖皱缩，边缘卷曲。叶尖和叶缘黄化或焦枯坏死。玉米植株生长不良，矮小，叶缘有时呈白色锯齿状不规则破裂，茎顶端呈弯钩状，新叶尖端及叶片前端叶缘焦枯，不能正常伸展，老叶尖端也出现棕色焦枯，新根少，根系短，呈黄褐色，缺乏生机。

2. 防治方法

（1）合理施用钙质肥料。在酸性土壤上，应施用石灰质肥料，既起到调节土壤 pH 值的作用，同时又增加了钙的供给。要控制石灰的用量和施用年限，谨防因石灰施用量过大而形成次生石灰性土壤。在碱土上，应施用石膏，通过改善土壤结构、酸碱度等理化性状，促进根系的生长和对钙营养的吸收。此外，含钙的氮、磷肥料如硝酸钙、过磷酸钙、钙镁磷肥等，也能补充一定数量的钙，但其施用量应以作物对氮、磷营养的需要量而确定。

（2）控制水溶性氮、磷、钾肥的用量。在含盐量较高及水分供应不足的土壤上，应严格控制水溶性氮、磷、钾肥料的用量，尤其是每一次的施用量不能太大，以防止土壤的盐浓度急剧上升，避免因土壤溶液的渗透势过高而抑制作物根系对钙的吸收。

（3）合理灌溉。在易发生干旱区域或气候条件下，要及时灌溉，以利于土壤中钙向作物根系迁移，促进钙的吸收，可防止缺钙症状的发生。

（五）玉米镁素失调症及防治方法

1. 缺镁症

玉米缺镁症一般在拔节以后发生。症状为下位叶前端脉间失绿，并逐渐向叶基部发展，失绿组织黄色加深，下部叶脉间出现淡黄色条纹，后变为白色条纹，残留小绿斑相连成串如念珠状，叶尖及前端叶缘呈现紫红色。严重时脉间组织干枯死亡，呈紫红色花叶斑，而新叶变淡。

2. 防治方法

(1)合理施用镁肥。

①选择合适的镁肥种类。镁肥种类选择一般以土壤条件和作物种类为依据。酸性土壤上宜选用碳酸镁和氧化镁；中性和碱性土壤上宜选用硫酸镁。

②确定合理的镁肥用量及施用方法。镁肥应尽量早施。土施作基肥时，每亩 3~4 千克(以 MgO 计)为宜，叶面喷施多用 1%~2% 的硫酸镁，连续喷 2~3 次，间隔时间为 7~10 天。

(2)控制氮、钾肥用量。氮肥，尤其是铵态氮肥施用，不仅抑制作物对镁的吸收，同时由于稀释效应，易引起缺镁症的发生；过量钾对镁的吸收有明显的拮抗作用。因此，在供镁能力较弱的土壤上，要严格控制氮肥(尤其是铵态氮肥)用量，谨防钾肥施用过量，避免发生缺镁症。

(3)改善土壤环境。缺镁症多发生在有机质贫乏的酸性土壤上。因此，土壤环境改善对防止缺镁的发生有明显的作用。施用石灰，尤其是镁石灰或间接施用白云石粉，既可中和土壤酸度，又能提高土壤的供镁能力。增施有机肥料能够改良土壤理化性状，促进作物根系生长，增加对镁的吸收，防止缺镁症的发生。

(六)玉米硫素失调症及防治方法

1. 缺硫症

作物缺硫时，全株体色变淡，呈淡绿或黄绿色，叶脉和叶肉失绿，叶色浅，幼叶较老叶明显。植株矮小，叶细小，向上卷曲，变硬，易碎，提早脱落。茎生长受阻，开花迟，结果或结荚少。玉米缺硫全株黄绿色，新叶黄于老叶，叶缘显紫色。

2. 防治方法

（1）增施有机肥料，提高土壤的供硫能力。

（2）合理选用含硫化肥，如硫酸铵、过磷酸钙、硫酸钾等。

（3）适当施用硫黄及石膏等硫肥。

（七）玉米铁素失调症及防治方法

1. 缺铁症

植物缺铁总是从幼叶开始，典型的症状是在叶片的叶脉间和细网状组织中出现失绿症，在叶片上明显可见叶脉深绿而脉间黄化，黄绿相间比较明显。严重缺铁时，叶片上出现坏死斑点，叶片逐渐枯死。铁过量促进磷的固定，降低磷肥肥效。玉米幼叶脉间失绿呈条纹状，中下部叶片为黄色条纹，老叶绿色。严重时整个新叶失绿发白，失绿部分色泽均一，一般不出现坏死斑点。

2. 防治方法

（1）改良土壤。在碱性土壤上使用硫黄粉或稀硫酸等降低土壤 pH 值，增加土壤中铁的有效性。石灰性或次生石灰性土壤上增施适量有机肥料对防治缺铁症有一定效果。

（2）合理施肥。控制磷肥、锌肥、铜肥、锰肥及石灰质肥料的用量，以避免这些营养元素过量对铁吸收的拮抗作用。对于钾不足而引起的缺铁症，可通过增施钾肥来缓解，甚至完全消除缺铁症状。

（3）选用耐性品种。充分利用耐低铁的品种资源，有效地预防缺铁症的发生。

（4）施用铁肥。目前施用的铁肥可分为无机铁肥和螯合铁肥两类。无机铁肥主要有硫酸亚铁和硫酸亚铁铵等，多采用叶面喷施的方法，浓度为 0.2%～0.5%；螯合铁肥主要有 FeEDTA、FeDTPA、FeEHA（乙二胺邻二羟基乙酸铁）、枸橼酸铁铵、尿素铁等，主要用于叶面喷施，效果较无机铁肥好。另外，叶面喷施铁肥时若能配加适量的尿素可改善防治效果。

（八）玉米锰素失调症及防治方法

1. 缺锰症

植物缺锰时，通常表现为叶片失绿并出现杂色斑点，而叶脉和叶脉附近仍保持绿色，脉纹较清晰。严重缺锰时，叶面发生黑褐色细小斑点，逐渐增多扩大，散布于整个叶片，并可能坏死穿洞。玉米叶片柔软下披，新叶脉间出现与叶脉平行的黄色条纹。根纤细，长而白。

2. 锰素过剩症

锰中毒的症状是根系褐变坏死，叶片上出现褐色斑点或有叶缘黄白化，嫩叶上卷。锰过剩还会抑制钼的吸收，诱发缺钼症状的发生。

3. 防治方法

（1）缺锰症的防治。

①增施有机肥。有机肥料含有一定数量的有效锰和有机结合态锰。施入土壤后，前者可直接供给植物吸收利用，后者随有机肥料的分解而释放出来，也可为植物吸收利用。另一方面，有机肥料在土壤中分解产生各种有机酸等还原性中间产物，可明显促进土壤中氧化态锰的还原，提高土壤锰的有效性。

②施用锰肥。生产上施用的锰肥主要有硫酸锰、氯化锰、碳酸锰、氧化猛及含锰矿渣等。其施用效果的一般顺序为：硫酸锰>氯化锰>碳酸锰>氧化锰。锰肥作基肥的施用效果要好于作追肥。用硫酸锰作基肥时，通常用量每亩为1~2千克。对已出现缺锰症状的田块，可采用叶面喷施的方法来防治。一般作物用0.1%~0.2%的硫酸锰，锰肥用量为每亩0.1~0.2千克，间隔7~10天连续喷施数次。

（2）锰中毒症的防治。

①改善土壤环境。适量施用石灰，一般用量应控制在每亩50~100千克，以中和土壤酸度，降低土壤中锰的活性；加强土壤水分管理，及时开沟排水，防止因土壤渍水而使大量的锰还原，促发锰中毒。

②作物种类及品种。不同作物品种对锰中毒的耐性有明显的不同，合理选用耐锰中毒的作物品种及耐性品种，可预防锰中毒症的发生。

③合理施肥。用钙镁磷肥、草木灰等碱性肥料和硝酸钙、硝酸钠等生理碱性肥料，可以中和部分土壤酸度，降低土壤中锰的活性。尽量少施过磷酸钙等酸性肥料和硫酸铵、氯化铵、氯化钾等生理酸性肥料，以避免诱导锰中毒症状的发生。

（九）玉米锌素失调症及防治方法

1. 缺锌症

植物缺锌时，生长受到抑制，尤其是节间生长严重受阻，并表现出新叶片的脉间失绿或白化。苗期新叶中下部黄白化形成白苗，又称"花白苗"，拔节后缺锌，叶片下半部出现黄白条纹，呈半透明，称"花叶条纹病"。叶片也表现为与叶脉平行的叶肉组织变薄，叶片中脉的两侧出现失绿条纹。玉米对缺锌非常敏感，出苗后1~2周内即可出现缺锌症状，病情较轻时可随气温的升高而逐渐消退。拔节后中上部叶片中脉和叶缘之间出现黄白失绿条纹，严重时白化斑块变宽，叶肉组织消失而呈半透明状，易撕裂；下部老叶提前枯死。同时，节间明显缩短，植株严重矮化；抽雄、吐丝延迟，甚至不能正常吐丝，果穗发育不良，缺粒和秃尖严重。

2. 锌过剩症

作物锌中毒的症状为叶片黄化，进而出现赤褐色斑点。锌过量还会阻碍铁和锰的吸收，有可能诱发缺铁或缺锰。

3. 防治方法

（1）缺锌症的防治。

①改善土壤环境。可采用冬季翻耕晒垡，提前落干、搁田、烤田等技术措施，提高锌的有效性。

②合理平整耕地。先将表层土壤集中堆置，把心底土平整后再覆以表土，保持表层土壤的有效锌水平，防止旱地作物缺锌。

③选用耐性品种。充分利用各种作物耐低锌的种质资源，有效地预防作物缺锌症的发生。

④合理施肥。在低锌土壤上要严格控制磷肥和氮肥用量，避免一次性大量施用化学磷肥，尤其是过磷酸钙；在缺磷土壤上则要做到磷肥与锌肥配合施用；同时，还应避免磷肥过分集中，防止局部磷、锌比例的失调而诱发缺锌。

⑤增施锌肥。锌肥的施用以作基肥为宜。用硫酸锌作基肥时，通常用量为每亩 1~2 千克，对于固定锌能力较强的土壤，应适当增加施锌量，每亩可用 2~3 千克硫酸锌作基肥；另外，还可叶面喷施锌肥，一般用 0.15%~0.30%的硫酸锌，锌肥用量每亩 0.1~0.2 千克，生育期间连续喷施 2~3 次，间隔时间为5~7 天。同时，锌肥的当季利用率较低，残效明显，不一定每年都要重复施用锌肥。

（2）锌中毒症的防治。

①控制污染。严格控制工业"三废"的排放，适时监测，谨防其对土壤的污染。

②合理施用锌肥。根据作物的需锌特性和土壤的供锌能力，确定适宜的锌肥施用量、施用方法及施用年限等，防止锌肥施用过量而引起锌中毒症状的发生。

③慎用含锌有机废弃物。用城市生活垃圾、污泥等含锌废弃物作有机肥料施用时，要严格监控，用量和施用年限应严格控制在土壤环境容量允许的范围内。

（十）玉米硼素失调症及防治方法

1. 缺硼症

作物缺硼时，节间伸长延缓或不伸长，植株矮小，根变粗，细根少，生长不良；叶部表现为幼嫩叶子叶脉间出现不规则白色斑点，继而连成白色条纹；缺硼时花药和花丝萎缩，花粉发育不良，籽粒败育，造成空颖，不能完成正常授粉而不实。玉米上部叶片发生不规则的褪绿白斑或条斑，果穗畸形，行列不齐，着粒稀疏，好粒基部常有带状褐色。

2. 硼过剩症

玉米硼中毒时，叶缘黄化，果穗多秃顶，植株提早干枯，产量明显降低。

3. 防治方法

（1）缺硼症的防治。

①施用硼肥。施用硼肥时最需注意的是用量问题，少了不起作用，多了极易招致毒害。施用硼肥的主要技术有 3 种。

一是土施。一般作基肥施用。用硼砂作基肥时，一般用量为每亩 0.1~0.2 千克。同时，可与磷肥、有机肥料等混合后施用，以提高施用硼肥的均匀性。若作种肥施用，用量减半，还须避免与种子直接接触。值得注意的是，基施硼肥的后效明显，不需要每年以上述用量施用硼肥，否则有可能造成硼过量而发生中毒症。

二是浸种。一般作物种子用 0.01%~0.03%硼砂或硼酸溶液浸种为宜，浸种时间取决于种子的大小，一般在 12~24 小时。

三是叶面喷施。用 0.1%~0.2%硼砂或硼酸溶液喷施，一般作物的硼肥用量为每亩 0.1 千克。还须注意，硼砂是热水溶性的，配制时需用热水溶解，再稀释至施用的浓度。

②增施有机肥。一方面有机肥料本身含有硼，全硼含量通常在 20~30 毫克/千克，施入土壤后，随着有机肥料的分解可释

放出来，提高土壤供硼水平；另一方面还能提高土壤有机质，增加土壤有效硼的贮量，减少硼的固定和淋失，协调土壤供硼强度和容量。

③合理施用氮、磷、钾肥料。控制氮肥用量，防止过量施用氮肥引起硼的缺乏；适当增施磷钾肥，促进作物根系的生长，增强根系对硼的吸收。

④其他措施。根据缺硼症发生的原因，还可采用以下的防治措施。

首先是因地种植，避免在缺乏灌溉条件、易遭受干旱的低硼土壤上种植对缺硼敏感的作物，以防缺硼症状的发生。

其次是合理平整耕地，先将表层土壤集中堆置，把心底土平整后再覆以表土。避免心底土直接暴露于表层，保持表层土壤的有效硼水平，防止作物缺硼。

再次是水分管理，加强农田水利的基础设施建设，灌溉抗旱、排水防渍、协调土壤的水汽状况，保障作物根系的正常代谢活动及其对硼的吸收。

最后是选用耐低硼的作物品种，充分利用耐低硼的作物种质资源，有效地预防作物缺硼症的发生。

(2)硼过剩的防治。

①作物布局。在有效硼高于临界指标的土壤上，安排种植对硼中毒耐性较强的作物品种。

②控制灌溉水质量。尽量避免用含硼量高(≥1.0毫克/千克)的水源作为灌溉水源。

③合理施用硼肥。在严格控制硼肥用量的基础上，努力做到均匀施用；叶面喷施硼肥时必须注意浓度，防止因施用不当而引起硼中毒症状的发生。

二、施肥诊断

施肥诊断是以施肥方式给予某种或几种元素以探知作物缺

乏某种元素的诊断方法。它可直接观察作物对被怀疑元素的反应，也可用于诊断结果的检验，主要包括油菜幼苗法、空白试验法和根外施肥法。

（一）油菜幼苗法

1. 方法原理

此法于 1974 年为华中农业大学农化教研组研究选定。从 23 种作物幼苗中，发现油菜幼苗对土壤磷素丰缺反应最为敏感，缺磷症状明显，症状出现早，且能从外形症状与生长量上反映出土壤供磷级差。利用油菜幼苗对磷的敏感性来反应土壤营养状况的方法，称为油菜幼苗法。利用此法计算土壤磷的供应状况。

$$K(\%) = BA \times 100$$

式中：K 为土壤供磷程度，B 为缺磷时幼苗生物量，A 为供应完全养分时幼苗生物量。

2. 分级标准及其应用

根据油菜缺磷症状程度及幼苗值大小，将土壤供磷情况分成 4 级。

Ⅰ级（严重缺磷的土壤）。幼苗值少于 30，不施磷处理的幼苗仅为施磷处理幼苗的 1/4，叶片小，叶色苍老暗绿，茎叶呈紫红色，缺磷症状在子叶展开期就开始表现，以后越来越明显。

Ⅱ级（中度缺磷的土壤）。幼苗值在 30~50，不施磷处理的幼苗不到施磷处理幼苗的 1/2，叶片较小，叶色稍有区别，缺磷症状在第一叶展开后，开始表现。

Ⅲ级（轻度缺磷的土壤）。幼苗值在 50~80，不施磷处理比施磷处理的幼苗长势稍弱，叶片基本一致，在第二叶展开后，开始表现差异。

Ⅳ级（供磷较丰富的土壤）。幼苗值在 80 以上，两处理间幼苗的长势长相、叶色等基本相同。

以上分级标准能比较准确地反映土壤供磷水平，对在生产条件下指导因土因作物合理施用磷肥有一定参考价值。当决定磷肥的具体施用量时，一方面要考虑土壤供磷水平，另一方面还要考虑植物的需磷特点及其他环境条件与栽培措施。一般说来对喜磷作物，当土壤为轻度缺磷级时，施少量过磷酸钙作种肥，就表现有增产效果，而在中度与严重缺磷的土壤上，施用磷肥，往往是增产的重要因素。对棉花、玉米等中等需磷的作物，在中度缺磷的土壤上磷肥的效果往往还决定于其他条件。对水稻、小麦等对磷反应较迟钝的作物，上述分级标准上升一级应用，即将上述严重缺磷级作为中度缺磷级，中度缺磷级作为轻度缺磷级，依此类推。

(二)空白试验法

根据对作物形态症状的初步判断，设置被怀疑的一种或几种主要导致症状形成的元素肥料作处理，把肥料施于作物根际土壤，以不施肥为对照，观察作物反应作出判断。除易被土壤固定而不易见效的元素(如铁)之外，大部分元素适用，注意所用肥料必须是水溶和速溶的，并对水近根浇施，以促其尽快吸收。采用空白试验的测定结果来校正肥料试验处理的结果。

(三)根外施肥法

采用叶面喷、涂、切口浸渍、枝干注射等方法，提供某种被怀疑缺乏的元素让植物吸收，观察其反应，根据症状是否得到改善等作出判断。这种方法主要用于微量元素缺乏的应急诊断。

技术上应注意，所用的肥料或试剂应该是水溶、速效的，浓度一般不超过 0.5%，对于铜、锌等毒性较大的元素有时还需加上与盐类同浓度的生石灰作预防，作为处理用的叶片以新嫩的为好。

三、施肥回顾诊断

（一）施肥与种植历史回顾诊断

施肥与种植历史回顾诊断是施肥诊断的一种方法，可以由此判断出造成症状发生的地块，是由于哪种养分缺乏或过量产生的，这为根据作物需要科学施肥提供依据。这种方法就需要农户对自己在某些地块上多年来所施用的肥料品种、施肥量、施肥方式以及种植作物的品种、种植方式、种植年限等进行回顾和记录，由科技人员采用排除和推测的方法，确定造成作物发生某个症状的原因，并根据所种植的作物特点，确定当季作物的具体施肥情况或所要采用的补救措施。

（二）相邻农户间施肥差异诊断

相邻农户间施肥差异诊断是进行施肥诊断的方法之一。通过调查相邻农户间施肥差异和作物长势长相以及表现的不同症状，排除一些不可能因素的影响，找到造成作物发生症状的最直接或最可能的原因，并可以根据当地的土壤条件和环境气候变化条件采用相应的措施进行症状的防治。

四、化学诊断

化学诊断是科技人员借助科学仪器了解土壤和植物体内营养元素的含量，据此来判断作物的营养状况的方法。虽然农户没有这种诊断能力，但可以向当地或专门的科研机构进行咨询，必要时请科技人员给予帮助。例如，有一块插秧后刚刚返青的稻田，秧苗叶尖发紫，叶色暗绿，没有分蘖，可能得了某种营养不良症。只要用几种化学试剂测定一下土壤和植株体内的氮、磷、钾含量就知道了。原来它既不缺氮，也不缺钾，而是缺磷。只要给水稻施些磷肥，几天后就可开始分蘖，正常生长。因此，化学诊断是非常准确的。化学诊断既可在作物播种之前进行，为施肥提供科学依据，也可在作物生育期间进行，为追肥查明情况。

（一）土壤的化学诊断

根据被测定的物质分为土壤营养元素和土壤障碍物质。通常包括采样、分析和对分析结果作出解释说明，并提出施肥或采取其他措施的建议。

1. 土壤营养测定

目的在于准确地测出土壤中各种营养成分的含量并了解其变化规律。一般多采用常规分析或速测法。所选用的测定方法应与当地土壤和某些作物的生长有一定的相关性，可以采样让当地的土肥站进行相关指标的测定。

测定需要的土样多为混合样品，可按土壤类型、作物种类和地块分别采集，也可以选择有代表性的地块，即要使分析结果正确地反映田间真实养分含量情况。采土一般在耕作层，但必要时可按不同层次采样分析，以观察养分的垂直变化和估量不同深度土体中养分的贮量。

土壤养分测定的时期，一是在播种前进行，一般可测定土壤有机质及主要养分的全量和有效含量，作为制定生产计划、确定施肥方案及施用基肥的依据。二是在作物生长期间进行，多以有效养分为主，了解当时土壤养分的供应水平、养分变化规律和养分中影响作物生长的限制因素，结合作物长相、长势、生育期，为确定追肥和其他措施提供依据。

2. 土壤障碍物质的测定

在某些条件下作物生长不正常，不都是由于营养不足引起的，有时也因某种物质过多，使作物代谢受阻而抑制生长，或影响作物正常吸收养分，甚至发生中毒现象，一般将这类物质称为"障碍物质"。土壤的障碍物质根据土壤和环境条件不同常有以下几种情况。

（1）盐害。盐碱地区的土壤含盐量过高或 Cl^-、CO_2^-、HCO_3^-、Na^+、Mg^{2+} 等离子浓度过高就会发生盐害，影响作物正常生长和养分吸收。由于作物的耐盐力有一定限度，如小麦、玉米为 0.2%~0.3%，棉花、高粱为 0.3%~0.5%，甜菜为 0.6%~0.8%，如果土壤含盐量超过此范围，作物轻则生长不正常，重则导致死亡。土壤盐分的组成不同，对作物的危害程度也有差异，其顺序大致是：$MgCl_2 > Na_2CO_3 > NaHCO_3 > NaCl > CaCl_2 > MgSO_4 > Na_2SO_4$；阴离子的危害顺序是：$CO_3^{2-} > HCO_3^- > Cl^- > SO_4^{2-}$。因此，诊断时主要测定全盐含量和阴阳离子含量。

（2）酸害。南方泛酸田的表土呈强酸性，易使根系受害，影响作物生长和养分吸收。这类田块为一种酸性硫酸盐土，土壤表面常有氢氧化铝或硫酸铝的白色沉淀，严重时还会有暗棕或黑色铁锰的氢氧化物存在。一般诊断氢离子和硫酸根离子的含量。

（3）还原物质毒害。在地势低洼或地下水位高，排水不良地区，往往由于土壤还原作用增强，致使硫化物累积，抑制根对养分的吸收。

（4）有机酸毒害。施用未腐熟的有机肥料时，由于其在土壤中分解产生有机酸类，如甲酸、乙酸、丙酸和丁酸等，尤其在通气性差的土壤中，由于抑制了根的呼吸，也影响作物对养分的吸收，首先是磷，其次为钾、氮等。

（5）亚硝酸盐毒害。根据国内外试验资料，容易引起亚硝酸盐积累的情况大体有 3 种。

①大量施用化肥造成氮的大量产生。

②硝化作用的两个阶段失调，亚硝酸盐形成多于亚硝酸盐氧化，导致亚硝酸盐暂时累积。

③土壤的局部范围内 pH 值上升，如施用碳酸氢铵、尿素等化肥不匀，引起局部土壤 pH 值增高，造成亚硝酸盐危害。

（6）土壤污染。由于工厂"三废"和农药残毒对土壤的污染，使某些离子如铜、锰、铅、镉、砷、铬等的离子以及某些有机化合物含量过高，从而影响作物的正常生长。所以，在进行土壤化学诊断时，如果发现土壤营养不缺而植株生长不良时，就需要对诊断地区污染情况进行调查，检测可能存在的障碍物质，作为判断的依据。

(二)植物的化学诊断

植物的化学诊断因分析技术不同，可分为植物常规分析和组织测定两种。植株常规分析是指植株的全量分析或某一部位(如叶片、叶柄等)的常规分析。组织测定则是指相对量或半定量地分析新鲜植物组织汁液或浸出液中活性离子的浓度。前者是评价作物营养的主要技术，随着仪器分析的发展，将得到广泛应用。后者有简便、快速的优点，也具有一定可靠性，又称为"组织速测"。

在植株诊断中，应根据形态症状推断或按施肥要求，也可采取与正常植株营养成分进行比较而确定具体的分析项目。诊断的时期视需要而定。一般作物有3个主要诊断时期。

1. 苗期诊断

通常作物在苗期对外界环境条件特别敏感。此期诊断的主要内容是分析研究三类苗的形成原因，根据结果采取相应措施促弱苗赶壮苗及控制旺苗徒长。具体诊断时间因作物而异，小麦和水稻在分蘖时期，玉米和棉花在定苗前后。

2. 中期诊断

一般在作物吸收养分最多、生长最旺盛的时期进行。这个时期作物生长状况、体内养分含量水平和土壤供应养分状况都直接影响作物的产量。所以，中期诊断是及时追肥和加强管理的关键。小麦在起身拔节阶段，玉米在拔节至抽雄前。

3. 后期诊断

为了防止因某种养分供应不足或妨碍吸收而出现脱肥早衰

现象，常常需要进行后期诊断。小麦多在抽穗前后，玉米在吐丝前。此外，如果进行作物营养规律的研究，可在作物各生育期采样进行诊断；了解施肥的效果，可在施肥前后进行诊断；为确定施肥的诊断指标，可采取生长正常和不正常的植株进行诊断比较。不论应用哪种测试技术，都应选择有代表性或典型性的植株样品，而且必须选取适宜的部位，以期能够明显地反映养分丰缺程度。组织测定多采取输导组织和叶绿素含量少的部位，如茎、叶鞘、叶柄等。种子、幼叶或失去生理活性的枯叶、断茎、叶鞘等都不适用。为了便于结果的比较，采样作物的生育期、生理年龄应当相同。总之，取样、对样品的处理和分析都需要正确可靠的技术，否则会得出错误的结论。

土壤和植株的化学诊断能在短时间内了解若干地块和各种养分的含量，做到及时指导施肥。然而应当注意，不能单纯依靠分析数据去解决施肥问题，不能企图用一次测定结果完全说明某种现象。因为土壤和植株中养分含量不是固定不变的，尤其在作物生长过程中，土壤有效养分除不断被吸收外，还因潜在养分的补充和受土壤理化、生物学性质、气温和施肥等措施的影响而不断地变化。植株中的养分含量也因土壤供应能力和作物生育期、生长趋势等而不同，即使同一作物在相同生育期采样，由于分析的器官和部位不同，分析结果也有差异，同时，环境条件的改变也会使植物体内养分的含量发生变化，有时还因作物生长异常引起养分的"浓缩"或"稀释"干扰诊断结果。因此，进行化学诊断时，应进行多次测定找出各种不同情况下的规律和相关性，必要时结合施肥诊断，并参考外界其他因素的影响，以便使诊断结果更符合实际。

（三）作物氮营养诊断的基本原理和方法

作物体内养分状况是土壤养分供应、作物对养分需求和作物吸收养分能力的综合反映。因此，通过对作物体内养分状况进行诊断，完全可以反映作物当时的营养状况，并以此来进行施肥决策。植株全氮含量可以很好地反映作物氮营养，与作物产量也有很好的相关性，是一个很好的诊断指标。但由于全氮分析操作繁琐，工作量较大，在推广应用中有一定困难。而植株硝态氮含量能灵敏地反映作物对氮的需求状况，植株硝态氮累积量和全氮相关，当全氮含量超过某一阈值时，植物开始累积硝态氮，并且在根、茎和叶中有类似的趋势。因此，可以用硝态氮代替全氮作为氮营养诊断指标来估计植株氮营养状况和进行追肥推荐。

在作物生长早期，特别是当氮供应由亏缺向充裕过渡时，硝态氮是最灵敏的反映指标。这是由于硝态氮作为非代谢物质，以一种半储备状态存在于植物体内，当作物有轻微缺氮时对硝态氮库的需求迅速增加，此时，全氮库还没有明显变化，而硝态氮库却已发生显著变化。当供氮超过作物需求时，硝态氮也比全氮有较大幅度的增加。植物组织中硝态氮含量的相对变化要远远大于全氮。而且随着硝酸盐快速测定技术的发展，使硝酸盐测定可以快速、准确地在田间进行，为这一技术进一步推广奠定了基础。作为一种日趋成熟的诊断技术，国内外对植株硝酸盐诊断在小麦、玉米生产中的应用有很多报道。目前，一般认为小麦以茎基部作为诊断部位比较合适，该部位作为一个输导和贮藏组织，植株体内剩余的硝态氮大多累积于此，而且该部位硝酸盐日变化相对较小。玉米一般采用新成熟叶的叶脉作为诊断部位。

（四）土壤、植株快速测定推荐施肥技术的应用

应用反射仪对作物硝酸盐进行快速诊断，进而确定氮肥施用量。

1. 不同作物诊断时期

麦类作物在拔节期，夏玉米在播种后 6~7 周，春玉米在大喇叭口期进行诊断。这些时期，作物体内硝酸盐含量和产量有

较好的相关性。

2. 不同作物诊断部位

小麦取茎基部 0.5~1 厘米茎段作为测定部位，玉米取最上部完全展开叶的叶脉中部 5~10 厘米长样段进行测试。这些部位都是作物体内硝酸盐的主要贮藏部位，同时兼顾采样的方便性。

3. 采样时间

取样诊断一般在晴天上午 8：00—11：00 进行。这一段时间作物体内代谢处于动态平衡状态，体内贮存的硝酸盐最能反映养分吸收和同化之间的相对关系。

4. 诊断临界值的确定

经过多年研究，基本上确定了反射仪法不同作物的诊断临界值。春小麦、冬小麦、春玉米和夏玉米分别为 2 600 毫克/升、1 500 毫克/升、3 700 毫克/升和 1 240 毫克/升。

5. 不同诊断临界值对应的追肥量

根据不同产量水平，确定不同诊断值对应的追肥量。

第五节 玉米的灌水

玉米播种时土壤田间持水量为 40% 时，出苗比较困难。所以，玉米播种前适量灌溉，创造适宜的土壤墒情，是玉米保全苗的重要措施。北方春玉米区冬前耕翻整地后一般不进行灌溉，春季气候干旱，春玉米播种时则需要灌溉，做到足墒下种。

玉米坐水种在东北传统旱区被反复证明是一项行之有效的抗旱保种技术。坐水种技术机动灵活，不受地形限制，能利用各种水源，具有结构简单、投资少、成本低等特点，与农机配套，可提高播种质量，达到苗齐、苗壮的效果。

第六章　特用玉米种植

特用玉米是指除普通玉米以外的各种玉米类型，主要包括优质蛋白玉米、高油玉米、糯玉米、甜玉米、爆裂玉米、笋玉米、青饲玉米等。特用玉米在内在基因型和外在表现型方面与普通玉米存在较大差异，同时由于最终收获产物的不同，特用玉米在栽培技术方面有其特殊要求。

第一节　优质蛋白玉米

一、品种选择

优质蛋白玉米是指玉米籽粒蛋白质含量在 15% 以上、籽粒赖氨酸含量在 0.4% 左右的玉米类型。选用的品种要与当前生产上的主推品种具有相近的产量水平，较好的适应性和较强的抗性，要选用硬质、半硬质胚乳类型品种。如中单 9409、中单 3710、鲁玉 13 号等。

二、隔离种植

优质蛋白玉米的 *o2* 隐性基因在纯合情况下才表现出优质蛋白特性，如接受外来花粉，在籽粒的当代即失去高赖氨酸含量的特性。因此，在生产上种植优质蛋白玉米必须与其他类型玉米隔离。可采取空间、时间和屏障隔离的方式。空间隔离要求相隔 300 米以上，时间隔离要求播期相差 25 天以上。

三、播种和田间管理

目前的优质蛋白玉米多为半硬质胚乳，籽粒结构较松、籽粒较秕，种子顶土能力较差。因此，在播前要精细整地，创造良好的播种条件。播种前要选种和晒种，除去破碎粒、小粒和秕粒，同时可用种衣剂或药剂拌种，防治和减轻病虫害。播深控制在 3~5 厘米，确保全苗。由于苗期长势弱，注意早追提苗肥，重施壮秆孕穗肥，补施攻粒肥。还要及时中耕除草，防治虫害，及时灌溉和排涝。

四、收晒及贮存

优质蛋白玉米成熟后，籽粒含水量较普通玉米高，要注意及时收获和晾晒，以防霉烂。待果穗干后脱粒，以免损伤果皮和胚部。当水分降到 13% 以下时，入干燥仓库贮存。由于优质蛋白玉米多为半硬质胚乳，营养价值高，容易遭受仓库虫、鼠危害，入库前要对仓库进行药剂熏蒸。贮藏期间，要经常检查，做好防治。

第二节 高油玉米

一、品种选择

要选用纯度高的一代杂交种，禁止使用混杂退化种和越代种，高油玉米籽粒的含油量要在 6% 以上，产量水平不低于当前生产上主推的普通玉米品种，具有较好的农艺性状和抗病性。如高油 115、高油 2 号、高油 4515 等。

二、适期早播

高油玉米生育期较长，籽粒灌浆脱水慢，若中后期温度偏低，不利于高油玉米正常成熟，导致产量和品质低下，因此适期早播是延长生育期，实现高产的关键措施之一。一般在麦收前7~10天进行麦田套种或麦收后贴茬播种，也可采用地膜覆盖和育苗移栽的方法种植。

三、合理密植

目前的高油玉米品种植株比较高大，适宜密度比紧凑型普通玉米要低一些。高油玉米适宜密度为3 800~4 500株/亩，为了减少空秆，提高群体整齐度，确保出苗数是适宜密度的2倍，4~5叶期间苗至适宜密度的1.3~1.5倍，拔节期定苗至适宜密度的上限，吐丝期结合辅助授粉去掉小苗和弱苗，消灭空秆，确保群体整齐一致。

四、科学施肥

合理施肥既能减少成本又能增加粒重和含油量。一般每亩施有机肥1 500千克左右、五氧化二磷8千克、氮素10千克、氯化钾8千克、硫酸锌1.5千克，苗期每亩追施氮肥2.5千克左右，拔节后5~7天重施穗肥，每亩施氮肥10千克左右。

五、及时防治病虫害

用人工投放赤眼蜂或颗粒剂的方法防治玉米螟，达到增产增收的目的。

六、收获贮藏

不同的用途应在不同的时期收获，以收获籽粒榨油用应在完熟期，乳线消失时收获。以收获玉米作青贮饲料用，可在乳熟期收获。高油玉米不耐贮藏，易生虫变质，水分要降到13%以下，温度要低于28℃下贮藏，贮藏期间要多观察、勤管理。

第三节　糯玉米

一、品种选择

应根据不同目的来选用适宜的品种。食品工业原料用，要求抗性强、籽粒产量高、籽粒色泽纯正、出粉率高等特点。青穗鲜食用，一般要求熟期早，高抗穗部病害；果穗大小均匀一致，结实性好，籽粒排列整齐；籽粒皮薄，糯性好，风味佳，适口性好。此外，还要结合市场和消费习惯选用品种，如鲁糯6号、莱农糯10、鲁糯7087、青农201、郑黄糯2号、西星白糯13号等。

二、隔离种植

由于糯玉米受 *wx* 隐性基因控制，外来异质花粉会导致当代所结的种子失去糯性，降低品质。因此，种植糯玉米应与其他玉米隔离。一般空间隔离要求距离350米以上，时间隔离花期相差25天以上。

三、分期播种

如用来作青穗鲜食用，可采用地膜早播技术、育苗移栽技术和间套复种技术，并分期播种，延长市场供应时间，提高经济效益。

四、适时采收

食品加工用糯玉米应完熟后收获。而青穗鲜食糯玉米的最适采收期一般在授粉后25天左右，不同品种、不同播期、不同地区略有不同。这个时期果穗的食用品质最好，产量最高。

五、人工辅助授粉

人工辅助授粉可提高鲜穗的产量，保证结实完全。

六、病虫害防治

应注意及时防治玉米螟及其他病虫害。

第四节　甜玉米

一、品种选择

甜玉米有"水果玉米""蔬菜玉米"之称，根据基因型和胚乳性质差异可分为普通甜玉米、超甜玉米和加强甜玉米3种类型。要根据不同用途选择不同类型的品种。以青穗鲜食或速冻加工为目的的，应选用超甜玉米或加强甜玉米品种；以制作罐头制品为目的的，应选用普通甜玉米品种。选用的品种应具有产量高，品质好，整齐度高，抗病性好，适应性广的特点。此外，为提高种植甜玉米的经济效益，尽量选用早熟甜玉米品种，如中农大甜413、鲁甜9-1、金凤甜5等。

二、隔离种植

由于甜玉米的特性是由隐性基因控制的，外来异质花粉会失去甜玉米特性。因此，甜玉米也要隔离种植。一般要求空间隔离在400米以上，时间隔离花期相差30天以上。

三、精细播种

甜玉米特别是超甜玉米种子好粒很秕，发芽率低，苗势弱。为保证一播全苗和达到苗齐、苗匀、苗壮的要求，必须精细播种，提高播种质量。要选用肥力较高的沙性土壤，精细整地，足墒播种，播种深度 3~5 厘米。也可催芽或育苗移栽。

四、及时去除分蘖

大多甜玉米具有分蘖的特性，分蘖会消耗养分和水分，通风透光条件变得很差，导致主茎生长不良，从而降低其产量和品质。因此，应及时及早去除分蘖。

五、科学施肥

由于甜玉米生长期短，品质要求高，所以施肥要以有机肥料为主，重施基肥，早追苗肥，补施穗肥，保证高产优质。

六、防治虫害

甜玉米极易受玉米螟、金龟子等害虫为害，不仅影响产量，还会影响商品质量和价格。因此，要及时防治虫害。由于甜玉米在授粉后 20~25 天采收，为防食品中残留毒物，防治虫害应以生物防治为主，高效低毒药剂防治为辅。常用的生物防治方法有：白僵菌颗粒剂防治，以每克含孢子 50 亿~100 亿白僵菌粉 0.5 千克，加煤渣颗粒 5 千克撒入玉米心叶内；苏云金杆菌防治，每亩用菌粉 50 克加水 100 千克灌心叶，或每亩用 Bt 乳剂100~200 克与 3.5~5 千克细沙充分拌匀，制成颗粒丢入心叶。除此之外，有条件者可在螟虫产卵期采用放赤眼蜂，每亩 2 万只，放 2~3 次。可用黑光灯诱杀金龟子。

七、适时采收

甜玉米部分以鲜穗供应市场外，主要是加工成罐头。因此，甜玉米的收获期对其品质和商品价格影响很大，一般采收时间是授粉后 20~25 天，即乳熟期采收嫩穗。若收获过早，罐头风味差，色浅乳质薄，产量也低；若收获晚，淀粉含量高，果皮硬，乳质黏厚，罐头风味也差。

第五节　爆裂玉米

一、品种选择

选择生育期适宜、营养丰富口感好的品种，如鲁爆玉1号、津爆1号、沈爆3号、郑爆2号等。

二、隔离种植

大部分爆裂玉米具有异交不孕的特性，其他类型玉米的花粉对其品质影响相对较小，但并不是所有的爆裂玉米都表现为异交不孕，因此，最好隔离种植，以免串粉，影响品质。山东各地宜在4月15—20日播种，爆裂玉米比普通玉米植株小，单株生产力低，因此，要合理密植，每亩5 000株左右。

三、地块选择

爆裂玉米一般苗势弱，尤其是盐碱地块不易发苗。易旱、易涝的田块容易引起早衰，使籽粒成熟度不足，造成爆花率和膨胀系数下降。因此，选择土壤肥沃、排灌方便的地块对爆裂玉米的生产至关重要。

四、田间管理

可见叶3~4片叶开始间苗，5~6叶去除杂株，进行定苗。有缺苗现象不能补苗，防止三类苗出现，否则造成成熟期不一样，严重影响质量，使爆花率和膨爆系数大大降低。科学施肥，去除分蘖。因爆裂玉米苗期较弱，施肥应采用前重、中轻、后补的方法。即在重施基肥，足墒下种，确保一播全苗的基础上，轻追苗肥，培育壮苗，提高抗倒力；补施穗肥，防止早衰。另外，在保证充足供给养分的同时，还要及时除去分蘖，防止其对养分的消耗，提高成穗率。还要及时锄草。

五、防治虫害

可以采用在不同的地点，选择强壮的玉米植株多次放养赤眼蜂来防治玉米螟；采用化学药剂防治玉米螟，在玉米抽雄前2~3天，幼虫1~2龄期，使用Bt乳剂800~1 000倍液喷施在植株的中上部叶片。玉米螟对爆裂玉米为害极为严重，要认真防治玉米螟为害。

六、适时晚收

爆裂玉米的收获期要适当偏晚，达到生理成熟后5~7天进行收获，即在全株叶片干枯，苞叶干枯松散时收获。此时，籽粒成熟充分，产量高，品质好。脱粒前去掉虫蛀粒、霉粒后整穗晾晒。收获后，晾晒过程中要及时翻动晒匀，以免霉变，晾干后脱粒精选。

第六节　笋玉米

一、品种的选择

一般要选多穗型的笋玉米品种，笋形长筒形，产笋整齐度高，穗柄较长，易采收，笋色以淡黄色为佳，如烟笋玉1号、甜笋101、鲁笋玉1号、冀特3号等。

二、精细播种

选择土壤肥沃，保水保肥好，易于排灌，有一定隔离措施的地块，精选种子并分级播种，笋玉米的播期要考虑市场的需求和收获期。玉米笋采收加工需要较多的工时和劳力，并且采摘后的玉米笋不能长时间存放，所以笋玉米的生产必须与加工相结合，根据销量与加工厂的需求确定适宜的播期，分期播种。为了便于采收，最好采用大小行的播种方式，大行距 80~90 厘米，小行距 50~60 厘米，株距视密度而定。一般笋玉米品种种植密度为每亩 4 000~5 000 株，有的品种密度可以达到每亩 6 000 株。

三、田间管理

抽雄期要及早去雄，以防玉米笋受精发育成籽粒，从而导致穗轴老化影响品质；笋玉米易产生分蘖，要及时彻底打杈，促进壮苗形成；笋玉米生长周期短，要及早追肥，促进雌穗分化生长。需要不断地从外界吸收多种矿质营养，按需要量可分为大量元素如氮、磷、钾，微量元素如硼、铜、锌、锰等。在 8~9 叶展开期，每亩追施尿素约 25 千克，追肥应距植株 10~15 厘米，深施 10 厘米以下，以提高肥效。在水分运筹上，苗期土壤田间持水量应控制在 60%~70%，8 叶展开期至采笋期，田间持水量应控制在 75%~85%，过干或过湿都不利于笋玉米的生长。

四、防治害虫

由于笋玉米对质量要求严格，所以田间管理要严防害虫为害。除了在苗期要注意防治地下害虫外，在穗期还要防治玉米螟，一般在小喇叭口至大喇叭口期，采用低毒易解的农药及时防治。

五、采摘

笋玉米的食用部分为玉米的雌穗轴，采收时主要以花丝长度为标准，一般不宜超过 2~3 厘米。采摘过早，笋小而白嫩，自由水多，产量低，颜色浅，风味淡，加工时易变成暗灰色；采收过迟，虽然产量较高，但笋过大、过粗、外形不佳、口感老化，穗轴老化变硬不易食用。应按先上后下、先大后小的原则，每天采收 1 次。采收时不要折断茎秆和叶片，以免影响下部果穗的正常发育。用刀划开外部苞皮，去净花丝，保持笋体完整，摘下的笋玉米需遮阴防晒，忌暴晒，防失水、干尖、变色。完全采摘后的茎叶可作饲料。

第七节　青饲玉米

一、品种选择

青饲玉米指乳熟期收获整株青贮或茎叶青贮的玉米。要选择单位面积青饲产量高的品种，具有植株高大、茎叶繁茂、抗倒伏、抗病虫和不早衰等特点。茎叶的品质可以影响青饲料的质量。青饲玉米品种要求茎秆汁液含糖量为 6%，全株粗蛋白质达 7%以上，粗纤维素在 30%以下。果穗一般含有较高的营养物质，因此，选用好的玉米品种可以有效地提高青饲玉米的质量和产量。青饲玉米品种的选择还要求对牲畜适口性好、消化率高。青饲料中淀粉、可溶性碳水化合物和蛋白质含量高，纤维素和木质素含量低，则适口性好，消化率高。墨西哥的玉米野生近缘种和群体引入中国后，不宜作为青饲玉米种植，在某些有特殊要求的畜牧场可利用其再生能力强的特性，分次割收，满足生产需要。青饲玉米品种如山农饲玉 7 号、农大 86、豫青贮 23、雅玉青贮 8 号等。

二、精细播种

山东省可一年播种两次。第一季早春播，盖膜促早发；第二季套种，避开芽涝。手播时 3 千克/亩，机播时 2 千克/亩。青饲玉米主要收获上部分绿色体，所以要比普通玉米密度大，根据当地的生产条件和种植方式，适当密植。行距一般为 60 厘米，株距 25 厘米。

三、栽培管理

青饲玉米品种有分枝特性，所以定苗时不能去分枝。而且，品种需肥量较大，需每亩施有机肥 5 000 千克作底肥，苗高 30 厘米时追施复合肥 30 千克。封垄前要中耕培土，以利于灌溉与排涝，增强抗倒性，拔节前如干旱应灌水。

四、适时收获

青饲玉米的适期收获是非常重要的。抽雄后 40 天即乳熟后期或蜡熟前期就可收割，过早收割会影响产量，过晚收割则黄叶增多影响质量。最适收获期含水量为 61%～68%。这种理想的含水量在半乳线阶段至 1/4 乳线阶段出现（即乳线下移到籽粒 1/2～3/4 阶段）。若在饲料含水量高于 68% 或在半乳线阶段之前收获，干物质积累就没有达到最大量；若在饲料含水量降到 61% 以下或籽粒乳线消失后收获，茎叶会老化而导致产量损失。因此，收获前应仔细观察乳线位置。如果青饲玉米能在短期内收完，则可以等到 1/4 乳线阶段收获。但如果需 1 周或更长时间收完，则可以在半乳线阶段至 1/4 乳线阶段收获。

五、密封储藏

收获后的秸秆可以用青饲料切碎机切成 0.5～2 厘米的切块，密封窖底部可以铺上软草，四周用塑料薄膜密封。快速填充进去，时间越短越好，边填边压。注意保持清洁，以免污染青饲料。有条件还可以用真空泵抽空原料窖中的空气，为乳酸菌繁殖创造厌氧条件。密封后要经常检查是否漏气，并及时修补，做到尽量不透气，促进饲料发酵，40 天后可随取随喂。

第七章　玉米绿色高产栽培新技术

第一节　玉米地膜覆盖栽培技术

地膜覆盖是使用化肥和推广杂交种以来玉米生产的又一突破性增产技术。玉米地膜覆盖栽培，具有明显的增温、保墒、保肥、保全苗、抑制杂草生长、减少虫害、促进玉米生长发育、早熟、增产的作用。通过大面积推广实践证明，地膜覆盖增产幅度大、经济效益高、适应范围广，是农业生产上一项重要的增产、增收措施。

一、地膜覆盖栽培的配套技术

（一）适宜地区及地膜、良种选择

（1）适宜地区。经多年实践和多点调查，一般年平均气温在5℃以上、无霜期125天左右、有效积温在2 500℃左右的地区适宜推广玉米地膜覆盖栽培技术。覆膜玉米要选地势平坦、土层深厚、肥力中上等、排灌条件较好的地块，避免在陡坡地、低洼地、渍水地、瘦薄地、林边地、重盐碱地种植，切忌选沙土地、严重干旱地、风口地块。地膜玉米怕涝，选地时要考虑排水条件，尤其在雨水较多的地区。地膜玉米整地要平整、细致、无大块坷垃，有利于出苗。

（2）地膜选择。目前市场上农用地膜来自不同厂家，厚度、价格都有较大区别，购买时应当注意看产品合格证，而且要注意成批、整卷农膜的外观质量。质量好的农膜呈银白色，整卷

匀实。好的农膜，横向和纵向的拉力都较好。其次，要量一下地膜的宽度。不同的作物，不同的覆盖方式需要不同宽度的地膜，过宽和过窄都不行。另外，也需要比较一下地膜厚度。一般应选用微薄地膜。0.008 毫米以下的超薄地膜分解后容易支离破碎，难以回收，造成土壤污染，导致作物减产。还要算好用量，不要盲目购买。用量是根据自己种植的方式，开畦做垄的长度，算出地膜的需要量。

市场上的劣质膜主要有 3 种表现形式：一是缺斤少两。根据有关规定，一捆农膜的标准净含量为 5 千克，国家允许每捆偏差为 75 克；二是产品为再生膜。这种膜透明度差、强度差，手感发脆；三是薄膜厚度低于 0.008 毫米。购买的时候，一定要注意有无合格证、厂名、厂址和品名，并要多拽拽，测试其韧性，查看其透明度，千万不要让不合格农用地膜误了一年的收成。

（3）品种选择。玉米覆膜可增加有效积温 200~300℃，弥补温、光、水资源的不足，可使玉米提早成熟 7~15 天。因此，可选用比当地裸地主栽品种生育期长，需有效积温多的中晚熟高产杂交种。盖膜后玉米播种期提前、生育进程加快、早出苗、早成熟。在品种选择上以选择生育期偏长、株型较紧凑、不易早衰、抗逆抗病性强的品种为宜。

（二）栽培方式和密度

（1）栽培方式。玉米覆膜大多采用二比空方式，即覆膜两垄，空一垄，是玉米栽培技术的重大改进，能够较好地解决密植与通风透光的矛盾，极大地提高玉米光能利用率，提高产量。

（2）栽培密度。每公顷株数一般要比裸地栽培增加 20%~40%，平均为 6 万~6.75 万株，紧凑型玉米要达到 6.75 万株以上，最少收获株数不能低于 6.75 万株。当然种植过密，极容易造成空秆或生长后期脱肥，影响产量。

（3）整地做床与施肥。

①整地做床。整地时主要围绕蓄水保墒进行，即秋耕蓄墒、春耕保墒。玉米覆膜要合垄做床，床面宽 70 厘米，床底宽 80 厘米，床高 10 厘米，两犁起垄、埋肥、镇压、做床一次完成，床两边用锹切齐，基肥施于床中两厚垄台内。床面要平、净、匀，耕层要深、松、细。

②增施基肥。地膜玉米茎叶茂盛，对肥料需求量大，必须增加施肥量。要重视施基肥，基肥以有机肥为主，化肥为辅，高产田一般每公顷施有机肥 60~75 吨，磷、钾肥全部基施，缺锌田应施 15~30 千克硫酸锌，氮肥总量的 60%~70%应作基肥。

（三）播种与覆盖

（1）种子处理。播前要精选种子，做好发芽试验（发芽率要达 95%以上），然后进行晒种、浸种或药剂拌种。浸种就是用冷水浸泡 12~24 小时，或用 55~58℃温水浸泡 6~12 小时。用 25%的粉锈宁或羟锈宁，按 0.3%剂量拌种，防治黑穗病。可利用种子包衣剂，防治病虫害。也可用 50%辛硫磷 50 克，对水 2.5 升，闷种 25 千克，防治地下害虫。

（2）适时播种。地膜覆盖的增温效果主要在前期，占全生育期增加积温的 80%~90%。因此，播种时间要比露地玉米提早 7~10 天，当 10 厘米地温稳定在 8~10℃时就可播种。

（3）覆膜。覆膜方式有两种，一种是先覆后播。主要是为了提高地温，冷凉山区比较适用，干旱地区可抢墒、添墒覆膜，适期播种。播种时用扎眼器扎眼播种，播后注意封严播种口；二是先播种后覆膜，采用这种方式要连续作业，做床、播种、打药和覆膜一次完成，可抓紧农时，利于保墒。

（4）药剂灭草。防杂草主要采取综合措施，一是利用膜内高温烧死杂草幼苗；二是在播种后盖膜前垄面喷药，边喷药边盖膜；三是结合追肥进行中耕除草。草害较重地区，每公顷可用阿特拉津或杜尔、乙草胺各 3 千克，混合后对水 1 125 升喷雾除草，草害较轻的用药量可降至各 2.25 千克，播种后盖膜前均匀喷施，用药后立即覆膜。

（5）加强田间管理。播种后要经常检查田间，设专人看管检查，防止牲畜践踏，风大揭膜和杂草破膜。发现破膜及时覆土封闭，膜内长草要压土。待出苗 50% 时开始分批破膜放苗。放苗应坚持阴天突击放，晴天避中午、大风的原则。一般在播后 7~10 天发现幼苗接触地膜就应破膜放苗，在无风晴天的上午 10 时前或下午 4 时后进行，切勿在晴天高温或大风降温时放苗。定苗后及时封堵膜孔。缺苗时，结合定苗，采用坐水移栽，或在雨天移栽，齐苗后，对床沟进行早中耕、深中耕，提高地温促苗生长。注意旱灌、涝排。因为仅靠基肥难以满足玉米生长后期对肥料的需求，大喇叭口期要扎眼追肥，要因地、因种、因长势确定合理施肥量，防止早衰和贪青。追肥的数量一般为玉米总需肥量的 30%~40%，以氮肥为主，最好在大喇叭口期施下，每公顷施尿素 375 千克。防治玉米丝黑穗病主要选用抗病品种、轮作倒茬及药剂拌种措施。除了种子包衣防治地下害虫外，每公顷用 22.5~30 千克 2.5% 美曲磷酯（敌百虫）粉或敌敌畏乳油 1 500~2 500 倍液防治黏虫；防治玉米螟主要用毒土灌心，毒土用 50% 辛硫磷乳油加水稀释后，混入细沙制成。玉米生育中后期，覆膜 3 个月后，视雨水多少，温度高低，确定是否揭膜，促进后期生长发育。

（6）促早熟增加粒重。由于选用生育期较长的杂交种，要千方百计地促进早熟，确保霜前成熟。一是在播前用增产菌拌种，或喷洒喷施宝、植宝素等植物生长调节剂，促进玉米生长发育；二是采用隔行去雄和站秆扒皮、剪苞叶等管理措施，促进早熟，同时注意适时晚收，有利后熟，增加粒重。

二、玉米地膜选用

目前由于塑料工业的迅速发展，我国地膜生产的种类繁多，眼下已有 20 余种，其中能够用于玉米栽培的也不下 10 余种，现将几种常用的介绍如下。

(一)低密度聚乙烯地膜

又名 LDPE 地膜，这种膜透光性好，光反射率低，覆盖测定透光率为 68.2%，反射率为 13%~30%；热传导性小，保温性强，白天蓄热多，夜间散热少，增温、保温效果显著；透水、透气性低，保水、保墒性好；耐低温性优良，脆化温度可达 -70℃；柔软性和延伸性好，拉伸和撕裂强度高，不易破损；耐酸碱，无毒无味，化学稳定性好，不会因沾染农药、化肥而变质。可焊接性好，便于拼接修补。质轻，成本低，每公顷用量 120~150 千克，是我国用量最大、用途最广泛的品种。其厚度有 0.02 毫米、0.014 毫米、0.012 毫米、0.01 毫米、0.008 毫米不等。每卷重量小于 20 千克，端头小于 3。注意该地膜从生产日期起以不超过 1 年使用为好。

(二)线性低密度聚乙烯地膜

又名 LLDPE 地膜，这种地膜的拉伸、撕裂和抗冲击强，抗穿刺性和抗延伸性等均优于 LDPE 地膜。适合于机械化铺膜，能达到 LDPE 地膜相同的覆盖效果，但厚度却比 LDPE 减少了 30%~50%，大大降低覆膜成本。其他性能与用途和 LDPE 膜相同。

(三)高密度聚乙烯地膜

又名 HPPE 地膜，这种地膜除具有 LDPE 地膜的优点外，最大特点是强度大，比较薄，每公顷用量 60~75 千克，成本可降低 40%~50%，但对气候的适应性不如超高分子量聚乙烯(UPE)地膜，更比不上 LLDPE 地膜。

第二节　玉米抗旱栽培技术

　　旱地玉米播种面积约占玉米总播种面积的 2/3，西南、华北、西北、东北各省、自治区均有相当大的面积。旱地土壤耕作的重要任务是蓄水保墒，提高降水保蓄率和水分利用率，保证玉米生长发育对水分的需求量。由于各地无霜期长短不一，雨量多少不均，发生旱情的时间各异，在运用抗旱栽培措施时，应因地制宜，灵活掌握。

一、秋翻地，春保墒

　　秋季施入有机肥料，耕翻后及时耙糖，保蓄秋雨后的土壤水分。春季不再耕翻，而在开始化冻时，多次横竖相间耙糖，破坏毛细管，使土壤上虚下实，耕层的水分不易散失，保蓄冬春土壤中的水分，以保证种子吸收发芽。

　　播种时，畜力开沟，开沟的深度视墒情而定。一般深沟浅盖土，点播踩籽，使种子与底土紧密结合利于吸水。覆土镇压，连续一次完成，不可拖延时间，避免跑墒；机播跑墒少，利于出苗。最好是边播种边镇压，播完压完。镇压的目的，是封住播种沟保住墒情，同时提升下层水到种子部位，供种子吸水发芽。

二、低温抢墒，催芽早播

　　低温抢墒播种，这是旱地玉米传统习惯做法，利用返浆水，保证玉米出苗。这种方法最大的弱点是种子在土壤内时间较长，约 1 个月左右，且容易粉种、霉烂，影响出苗率。催芽低温早播，既利用土壤返浆时的水分，又争取到自然热量，是抗寒栽培和抗旱栽培中一项切实可行的技术措施。

　　浸种催芽，用 55～60℃ 的温水浸种，当水温下降到

25~30℃时，浸泡种子 12~24 小时，滤水后用麻袋等保温物品覆盖种子催芽，有 70%以上的种子露白时即可播种。下种时间，应在地表 5 厘米处的地温连续 5 天稳定在 6℃以上时方可播种。覆土深度不超过 5 厘米。播种时按照垄沟栽培法，开沟深度以种子接触适宜的底墒为好。

增产的主要原因，一是抓住冬季受冻层阻隔积蓄的水分和春季返浆水融合的时机，利用尚好墒情早播保全苗。此时 5 厘米深度地温稳定在 6℃以上，蒸发量最低，日蒸发量约为 3.7 毫米，春旱的几率最低。二是促使根系生长发育，吸收深层养分和水分，有利于植株生长发育，提高抗旱能力。三是热量利用率高，避开伏旱。可使早播玉米比常规播期玉米增加积温 216℃，与当地的气候条件相吻合。垄沟低温早播玉米，可充分利用自然条件，争取有利的水分，避过干旱影响，从而节约开支，增加收入。

三、抗旱坑栽培

秋翻整地后，每亩配加磷钾肥混合施粪肥 2 000~2 500 千克。挖坑的时间，最好在上冻前进行，越早越好。目的是接纳雨雪和熟化土壤。田间坑穴排列呈梅花形，横竖成行，行距为 67 厘米，坑距 1 米左右，每亩 1 000 个坑。挖坑深 50 厘米，长 67 厘米，宽 50 厘米。先将 10~15 厘米的表土移在一边，再将底部挖一铁锹深，铲松土而不取出，再将混合肥料放入坑中，与土壤混合均匀。封顶有两种方法：一是土壤墒情很好，可将表土封在坑顶，略呈馒头状，用锹拍实，使坑不漏风，以免跑墒；另一种方法，是当时不封顶，在冬春雨雪后，将雪及时扫入坑内，再用表土封顶，当雪融顶塌后，要及时补封顶部，保住墒情。后一种方法虽然费工，但保墒效果极好，又能熟化土壤提高肥力。由于坑内土壤疏松，墒情充足，故可提早播种。播前进行耙耱，将地整平。每坑种 3~4 穴，每亩种 3 000~3 500

株。其增产的主要原因是蓄水保墒，苗齐苗壮，深翻而不乱土层，集中施肥，培肥地力，熟化土壤，提高土壤供肥能力。

四、田间秸秆覆盖栽培

将麦稻或玉米稻铺在地表，保墒蓄水，是旱地玉米一项省工、节水、肥田、高产的有效途径。秸秆覆盖在秋耕整地后和玉米拔节后在地表面和行间每亩铺 500~1 000 千克铡碎的秸秆，起到保墒作用，同时改善土壤的物理性状，培肥地力，提高产量。

秸秆覆盖增产的主要原因是改善根系环境的生态条件，根系发达，吸收养分和水分能力增强，为穗大粒多奠定了基础。研究表明，覆盖后 25 天，根系的数量和干重分别比对照区高 6.4%和29.1%，整个生育期的各个时期均比对照区高。覆盖秸秆影响最大的是第三层支撑根，根条数、根干重高于对照 12.9%和18.0%。覆盖秸秆田的百粒重和单株粒数分别高于对照区 1.7 克和62.7 粒。说明产量的提高是粒数和粒重共同增加的结果，尤以增加粒数最为明显。

五、膜侧播种抗旱法

膜侧栽培玉米，是抗旱保墒的有力措施。具体做法是，玉米种在地膜两边距离膜边 3~5 厘米处，利用地膜传导热和保水作用，使玉米种子发芽和生长发育有足够的温度和水分。玉米为大、小行种植，小行宽 40~50 厘米，大行宽 80~90 厘米，地膜覆盖小行，大行可以套种豆子、蔬菜等作物。地膜完成任务后，可以于雨季来临前揭去，地膜不受损失，洗净晾干后妥善保存，明年再用。

上述方法，是各地试验推广的单一措施，使用时可以根据各地的具体情况配合使用，以培肥地力，保墒蓄水，增温促高产为主要目标，节约开支，增加收入，总结出一套适合本地区的节水型农业技术措施。

第三节　玉米抗逆栽培技术

一、玉米抗衰老栽培技术

(一)玉米植株衰老的特点

玉米叶片衰老先是基部叶片，尔后衰老转向上部叶片，再发展到中部叶片。陈学留(2002)研究表明，玉米叶片功能衰老始期是出苗后 10~12 天。叶片衰老次序是最先展开叶，依次向上至第 9 叶，然后是顶部叶片，最后衰老的是穗上叶、穗下叶及穗位叶。玉米叶片衰老受品种遗传基因的控制和外界环境条件及栽培措施等因素的影响。叶片衰老的变化基本上和根系的衰老相对应。从拔节期开始基部叶片衰老，随生育期发展叶片的衰老逐渐发生。

玉米早衰首先是根系死亡，随即叶片早枯、光合能力下降。根系的活力强度与叶片衰老进程存在密切关系。在生产上应该选种根系发达、吸收活力强的品种。在栽培技术上要加大玉米生长发育中后期的技术措施力度，延长根系寿命对延缓叶片的衰老十分重要。

若以根系干重作为根系衰老的形态指标，则根系功能衰老始期为出苗后 45 天左右。玉米从出苗至蜡熟期，叶片衰老和根系衰老变化符合 $LogY=A+BX$ 方程。叶片功能衰老始期早于根系功能衰老始期。一般认为，玉米籽粒灌浆速度最快时，光合产物向果穗转移加快，导致根系和叶片中光合产物亏缺，加速了根系和叶片的衰老。为此，在玉米生产中要防止叶片早衰最重要的是要考虑库与源的协调统一。

(二)玉米早衰产生的原因

玉米早衰现象的产生主要是生理原因，由内因和外因两部分组成。所谓内因主要是作物体内养分失调、转移、病害等，外因主要是土壤、气候、虫害等。

（1）农田养分失调。合理的养分比例是玉米正常生长的重要因素之一，农田养分中的碳氮比、氮磷钾比例以及籽粒灌浆时期氮素的代谢和运转失调是影响叶片衰老的重要因素。玉米生长对其营养的需要具有专一性，近年来生产中严重重茬，使土壤养分中某些养分产生极度亏缺现象，因而产生早衰。只有改善玉米生长的小环境，才能使玉米正常生长。

（2）栽培耕作因素。不适当的早播、密度过大以及后期脱肥等都会加重玉米植株叶片的衰老，主要是对中下部叶片衰老影响大。田间亏水条件下会产生脱叶，氮素供应不足时叶片寿命缩短。缺水和缺氮互作更会影响叶片的衰老。

（3）气候因素。遇有特殊气候时，会导致玉米不能正常生长，如遇高温玉米会出现徒长，同时由于呼吸消耗量大于光合物质积累量，这是导致早衰的重要原因，反之遇低温、寡照，光合作用率低，干物质形成减少，出现早衰，又因作物的生理本能，为保存自己的生命力，繁衍后代，将体内养分迅速向上转移，加速籽粒形成，由于养分迅速向上转移，下部维持正常的养分缺乏，便导致根部迅速死亡，失去生理功能，这是导致早衰的又一重要原因。

（4）土壤因素。良好的土壤结构是玉米正常生长的基础条件之一，土壤物理性状好，有利于玉米生长，反之土壤板结，通透性不好，玉米就不能正常生长。目前，我国许多农田，由于多年来翻耕次数减少或不翻，加之大量施用化学肥料，造成土壤极度板结，土壤养分在田间运行受阻，玉米不能很好吸收，养分利用率低。又由于土壤板结，玉米根系呼吸受阻，特别是降雨渗透慢，造成土壤通透性不良，迫使玉米根系进行无氧呼吸，当土壤含水量过大、持续时间太长，无氧呼吸能力没有时，造成根部早衰死亡，导致整个植株早衰。

(5)病虫害因素。病虫害是影响作物生长的直接因素。玉米发生病害，如大斑病、纹枯病等，叶片及茎秆局部正常生长受阻，细胞坏死，特别是茎腐病更严重地影响养分的吸收，使得叶片不能进行正常光合作用，减少作物体内养分合成，养分量减少，导致早衰；若玉米发生虫害，会破坏植株局部输导组织，使输导受阻，造成局部营养缺乏，导致早衰。

（三）玉米防早衰的技术措施

(1)使用抗早衰品种，合理密植。由于遗传因素的影响，不同品种间叶片的数量以及抗性有一定差异。选用综合抗性好的品种可减少早衰的发生。确定适宜密度，改善光照、水分及营养条件，有利于减轻早衰危害。

(2)科学合理施肥。通过培肥地力和科学合理施肥，尤其是保证生育后期用肥，保证植株有充足的营养，促使植株生长发育健壮，可以防止早衰，增强光合作用。

(3)适期灌溉，及时排涝。及时灌溉及排水，使根系处于良好生长环境，有利于植株茎叶生长发育和保证旺盛的光合作用，有利于防止早衰。

(4)放秋垄拿大草，根外追肥。放秋垄可以疏松土壤，提高地温，旱时保墒，涝时散墒，提高根系及叶片活性；根外追肥可以延长功能叶片的功能时间，防脱肥、早衰，加速灌浆，增加粒重。

(5)隔行去雄，去掉无效穗。去雄可以减少雄穗对养分的消耗，满足植株生长发育对养分的需求，还可以改善生育后期田间通风透光条件，有利于籽粒的形成。为防止不必要的养分消耗，使主穗正常生长发育，可人工及时侧向掰除无效穗。

(6)及时防治病虫害。

二、玉米抗倒伏栽培技术

（一）玉米倒伏产生的原因

（1）品种选用不当。有的品种本身抗倒性差，如高秆、穗位高、茎秆强度和韧度差，根系不发达，把其作为主栽品种时，就容易发生倒伏；品种不抗病虫害或抗病虫害能力差，也使其抗倒能力减弱，容易发生倒伏。

（2）种植密度过大。在玉米播种和玉米间定苗时，不能做到因地制宜、因品种制宜地保留适宜的种植密度，造成密度过大，群体内通风透光不良，光合产物少，导致茎秆纤细、脆弱，硬度和韧性降低，穗位升高，抗倒能力下降，遇暴风雨时发生倒伏。

（3）田间管理措施不当，施肥方法不当。如拔节期水肥过猛导致旺长；密度过大引起节间细长，组织疏松；传统"一炮轰"施肥方法，氮肥过量，磷钾肥不足，造成玉米营养失衡，玉米生长过快，植株过高，并且基部机械组织强度差，遇暴风雨时易发生倒伏。苗期施氮肥过多过早，土壤湿度过大，根系分支少，入土浅，对植株的支持力降低，易造成倒伏。追肥时施入地表过浅，造成玉米根下扎滞缓，使玉米根系不发达而发生倒伏。

（4）病虫为害。拔节、抽雄前后或灌浆中后期玉米螟为害，会蛀空茎秆，遇到大风天气，就有可能造成茎秆倒折。茎腐病、纹枯病等病害也会使玉米茎秆组织变得软弱甚至腐烂，造成茎秆倒折。

（5）自然灾害。多雨大风天气是造成倒伏的直接诱因。在玉米生长季节里，造成玉米倒伏的大风雨一般有两种情况：第一种情况是大风之前下透雨造成玉米根倒伏；第二种情况是大风和大雨同时进行造成玉米倒伏，这种情况下根倒和茎折并存。长时间阴雨渍涝、高温天气条件下容易发生倒伏；种植在冲积河滩地、坡耕地或风口地带等也容易发生倒伏。

玉米倒伏的因素可以归纳为一是品种，二是人为，三是天气。品种方面：植株过高，穗位过高，秆细秆弱、韧性差，或次生根少；人为方面：密度过大，施肥不合理等；天气方面：拔节期的阴雨寡照和灌浆期的暴风骤雨。在这 3 个因素中，天气因素是玉米倒伏的关键因素。一般而言，我国玉米主产区的 7 月降水量超过历年同期平均值，7 月日照时数少于历年同期平均值，可作为玉米倒伏的气象指标。

（二）玉米倒伏的补救措施

（1）大喇叭口期以前倒伏。因植株自身有恢复直立能力，不影响将来正常授粉，可以不用人工扶起。风雨后可用竹竿轻挑植株，抖落雨水，待天晴后让其慢慢恢复直立生长，在抖落雨水时防人为造成茎秆折断。

（2）抽雄授粉前后的倒伏。

①发生根倒的地块，在雨后应该尽快人工扶直并进行培土，固牢；此时植株高大，倒后株间相互叠压，难以恢复直立，不仅直接影响正常授粉，还影响到光合作用进行，必须人工扶起，扶起时要早、慢、轻，结合培土进行。

②发生茎折的地块，要根据发生程度来区别对待。茎折比较严重的地块可以考虑将倒折植株割除用作青饲料，然后补种一些叶菜类蔬菜。茎折比例比较小的地块，也应将倒折植株尽早割除。

③注意病虫害发生。由于植株重叠，田间湿度增大，有利于穗腐病的发生。要根据天气情况和病害发生蔓延状况，在果穗可以采收后，尽快采收和脱皮晾晒，避免加重穗腐病及虫、鼠害，造成更大的损失。

（三）玉米倒伏的预防对策

（1）选用抗倒品种。一个玉米品种是否容易发生倒伏，主要与该品种的植株特性有关。一般来讲，植株较高、穗位(着生果穗的节位距地面的高度)较高、茎秆纤细、根系发育不良的品种发生倒伏的几率较大。植株较高，特别是穗位较高的品种重心不稳，茎秆纤细的品种容易发生茎折，根系发育不良的品种则容易发生根倒。品种的抗倒能力只是相对而言，没有哪一个品种能够绝对抗倒。

(2)适期播种。倒伏还与植株的生长发育特性有关。一般在抽雄前后，株高已经定型或接近定型，而且茎秆还相对柔弱，遇到大风多雨天气极容易发生倒伏。春玉米在适宜播种期间内可调整播期，使植株容易发生倒伏的敏感时期尽量避开当地的大风多雨季节。对于夏玉米而言，播种晚的玉米在高温、多雨条件下很容易蹿秆，植株较高且茎秆纤细，很容易发生倒伏，因此夏玉米在收获小麦以后应尽量早播。

(3)加深耕层。适当加深耕层，促进根系发育，增加根数和入土深度。

(4)合理密植。合理密植要因地制宜、因品种制宜，一般应按品种说明书上的密度种植，不可随意增加，只有这样才能协调群体发育与个体竞争的矛盾。大小行种植方式有利于减少倒伏概率。

(5)科学施肥。在施肥种类上应注意氮磷钾肥的配合使用。钾肥具有提高茎秆强度的作用。在目前生产上大量施用氮肥的情况下或缺钾的地区，提倡增施钾肥、氮钾配合施用，对于防止玉米株倒伏具有重要意义。钾肥宜早施，在播种时作种肥或在出苗后作苗肥施用。施用量可根据土壤肥力等状况来确定，一般每亩可施用硫酸钾或氯化钾 10~20 千克。

(6)苗期蹲苗。对于密度较大、水肥条件好、具有旺长趋势的地块，可在苗期进行蹲苗。蹲苗的主要作用就是控制基部茎节的旺长、促进根系发育和下扎，从而减轻倒伏发生的几率。蹲苗应在苗期进行，但要在拔节开始时结束。蹲苗的措施主要有适度干旱、中耕断根、增施氮肥等。蹲苗主要适用于春玉米，夏玉米由于出苗后就进入高温多雨季节，基本上没有蹲苗的机会。

（7）适期追氮。玉米生育期间追施氮肥可以促进植株或果穗的发育，有利于提高籽粒产量。但追施氮肥时间不当则容易引起倒伏。拔节期玉米基部茎节开始快速伸长，此时如果再追施大量氮肥，会使基部茎节伸长，倒伏风险加大。所以生产上不提倡拔节期追施氮肥，在施用底肥或苗肥的前提下，氮肥可延迟到大喇叭口期再追施。这样既可促进果穗的发育，同时也会减轻倒伏的发生。

（8）中耕培土。培土可以促进茎基部气生根的发育，增强植株抗根倒能力。培土可在拔节至封垄之前进行，中耕深度一般5~8厘米、净培土高度一般8~10厘米。

（9）化学控制。对于密度较大的地块和植株较高、抗倒伏能力差的品种，可应用羟烯·乙烯利、金得乐、玉黄金、吨田宝等玉米生长调节剂进行化控，如在大喇叭口至抽雄期，用40%羟烯·乙烯利水剂20~30毫升/亩，对水15~20千克/亩喷施，可显著降低穗位和株高，减少空秆和小穗，增强抗倒伏能力。需要说明的是，目前化控技术尚属于一种"被动"技术措施，化控药剂的使用时期、浓度及喷施方式等一定要严格按照产品说明书要求进行，否则很容易出现药害。

（10）病虫防控。有效防治玉米螟、茎腐病等，减少因病虫为害造成的倒伏。

第四节　玉米旱作节水农业技术

玉米旱作节水农业技术是节水、保墒、耕作等一系列综合农业节水技术措施，该项技术通过机械深松、节水灌溉、应用保水剂等方式，提高天然降水的利用率，降低灌溉用水量，确保一次播种拿全苗。

一、适宜区域

该项技术适宜在干旱地区推广应用。

二、技术要点

(一)品种选择

根据当地实际情况选择适宜品种。春旱年份和地区要注意选择苗期耐低温、种子拱土能力强、籽粒灌浆和脱水快、较抗旱的玉米品种。苗期耐低温、早发性好的品种,抗逆性强,并能充分利用前期光热条件;籽粒灌浆和脱水快能够躲避和减轻低温早霜对产量的影响。在中等肥力以下及盐碱地块,应种植耐密、半耐密中早熟耐旱品种。在肥力较高、有机肥及化肥投入水平高并有灌水条件的地块,在早春坐水抢种条件下,可以适当选择种植相对晚熟的高产品种。

(二)种子处理

播种前进行种子精选和晾晒,保证种子发芽率。选晒种子要挑选均匀一致的,去掉不正常粒,播前选择晴天晒种 3 天后进行种子包衣,以提高发芽势、抗病性和出苗整齐度。选用种子的纯度不低于 96%,净度不低于 98%,发芽率不低于 90%,含水量不高于 16% 的高活力种子。播前进行发芽试验。根据具体情况选择种子包衣或催芽处理。

(三)配方施肥

实行测土配方施肥并通过增施有机肥等方法,达到以肥调水,使水肥协调,提高水分利用率。施用有机肥,不仅可以培肥地力,还能改善土壤物理环境,提高土壤持水保墒能力,结合整地每公顷施用有机肥 20~30 吨为宜,同时增施钾肥能起到减少植株蒸腾损失,提高水分利用率,增强作物自身抗旱能力的作用。

(四)主要播种灌溉技术

1. 机械深松蓄水

分全面深松和局部深松两种。全面深松是用全方位深松机或振动(翼式)深松机在工作幅宽上全面松土。局部深松是用铲式或凿式深松机进行间隔的局部松土。一般深松整地深度为35~45厘米，中耕深松深度为20~30厘米，垄作深松深度为25~30厘米。

2. 行走式节水灌溉机械播种

(1)施水方式。一种是种床开沟施水，用施水开沟器在垄上开沟、施水，开沟深度一般为6~10厘米，宽度为10~15厘米。另一种是种床下开沟施水，施水在种床表土下面，施水铧尖调整到比开沟器铧尖低3~5厘米处。

(2)施水量。根据土壤墒情来确定施水量，使其土壤含水量满足玉米种子出苗条件。旱情较重或沙质土壤施水量每公顷60~90立方米，旱情较轻施水量为每公顷30~60立方米。

(3)机械组装。在拖拉机牵引的拖车上安装水箱，在拖车后挂接坐水种单体播种机；从水箱引出放水管在开沟器后部固定，用放水阀控制水流量；用单体播种机同时深施肥，将施肥口置于开沟器与水管出口之间；在播种机后挂覆土器。另外，播后视土壤干湿情况及时镇压苗带，以防跑墒。

3. 行走式机械苗侧开沟节水灌溉

用小四轮拖拉机牵引装有水箱的拖车，拖车后挂开沟器和覆土器，开沟器上附有苗侧开沟注水装置，使开沟、注水、覆土作业一次完成。开沟深度一般为15厘米，沟与苗带相距一般为10厘米，注水定额一般为6吨/亩(相当于每株灌水1.8~2.4千克)。该项技术是以行走式和注入式为特点的节水灌溉技术措施，能够在苗侧根部形成一个具有保水、抗旱、增温、保苗等诸多效应的"湿团"体，灌水量是大水漫灌用水量的1/10,在无降水条件下可保持苗活 20 天，可有效解决苗期干旱补水问题。

4. 微灌

微灌不同于传统的大水漫灌，在微灌条件下，只有部分土壤被水湿润，因此要根据玉米在全生育期不同生长阶段的需水要求，制定微灌制度。

(1)灌溉定额。作物在全生育期需要灌溉的水量。

(2)灌水定额。根据作物不同生育阶段的需水特性和土壤现有含水量来确定单位面积上的灌水量，计算公式表示为：

灌水定额＝0.1×土壤湿润比×计划湿润层深度×土壤容重(灌溉上限−灌溉下限)/灌溉水利用率

(3)灌水次数。当灌溉定额和灌水定额确定之后，就可以确定出灌水次数了，用公式表示为：

灌水次数＝灌溉定额/灌水定额

(4)灌水周期。根据作物需水规律及土壤墒情来确定，用公式表示为：

灌水间隔＝灌水定额×灌溉水利用系数/作物需水强度

5. 应用抗旱保水剂

保水剂可以将雨水或灌溉水多余的部分吸收储存在土壤中，成为农作物干旱时的"小水库"，并在一定时间内缓慢供应给作物吸收。

(1)种子包衣。先将保水剂按 1%浓度对水，待吸水成凝胶状后，再将玉米种子浸入，取出晾干即形成了包衣种子。

(2)拌土或拌肥。将保水剂与细土或化肥混合，在起垄时均匀撒入播种沟。

6. 药剂除草

播种后要选用低残留、高效、低成本的化学除草剂进行苗带封闭除草。施药要均匀，做到不重喷、不漏喷、不能使用低容量喷雾器及弥雾机施药。

7. 田间管理

科学防治病、虫、鼠害，要加强田间管理，安全促早熟。

第八章 玉米主要病虫害防治技术

在玉米的一生中，从播种到收获，每一阶段都会受到不同的病虫草为害，近年来，随着耕作栽培制度的改变和品种的增加或更换，在提高产量的同时，一些次要病虫害上升为主要病虫害，同时还出现了一些新的病虫害，一些曾被控制的病虫害因发生条件的变化而为害加重，给玉米生产造成重大损失。

第一节 玉米病害

一、叶部病害

该类病害主要在叶片上形成大小不一的病斑，病斑占据叶表面，直接影响植株的光合作用，降低光合效率。少量的病斑对植株的生长发育不会造成明显的影响，当病斑尤其是棒三叶上的病斑占到叶片面积的 30% 以上时，可造成植株矮小细弱，果穗瘦小，籽粒干瘪，产量降低；同时病株抗性降低，易被镰孢菌等病原菌侵入，引起早衰、倒伏等造成更大的损失。

该类病害的病原菌多数可通过气流、风雨远距离传播。条件适宜时，病原菌从侵入到再产生分生孢子传播为害仅需要几天时间，易在生产上造成大面积暴发流行。

该类病害主要发生在玉米生长后期，此时植株高大，田间郁密，施药困难，所以，最有效的防治方法是种植抗病品种。玉米品种对各种病害的抗性可查审定公告，或看产品包装上的说明。加强田间管理，健康栽培，能提高植株的抗病或耐病能力。病原菌多在病残体上越冬，翌年传播为害，所以重病田要避免秸秆还田，提倡秸秆腐熟还田和牛羊等过腹还田。

（一）大斑病

1. 症状

初侵染斑为水渍状斑点，成熟病斑长梭形，一般长度在 50 毫米以上。病斑主要有 3 种类型。

（1）黄褐色，中央灰褐色，病斑较大，出现在感病品种上。气候潮湿时，病斑上可产生大量灰黑色霉层。

（2）黄褐色或灰绿色，外围有明显的黄色褪绿圈，病斑较小。

（3）紫红色，周围有黄色或淡褐色褪绿圈。

2. 发生条件及规律

病原菌在病残体上越冬，翌年随气流、雨水传播到玉米上引起发病，条件适宜时，病斑很快又产生分生孢子，引起再侵染。气温在 18~27℃，湿度 90% 以上时易暴发流行。

3. 防治方法及补救措施

（1）种植抗病品种是最好的防治方法。

（2）重病田避免秸秆还田，或者和其他作物轮作。

（3）发病初期，用 10% 世高、50% 扑海因或 70% 代森猛锌等杀菌剂喷雾，间隔 7~10 天，连续施药 2~3 次。

（二）小斑病

1. 症状

初侵染斑为水渍状半透明的小斑点，成熟病斑常见有 3 种类型。

（1）病斑受叶脉限制，两端呈弧形或近长方形，病斑上有时出现轮纹，黄褐色或灰褐色，边缘深褐色，大小为 (2~6) 毫米 × (3~22) 毫米。

（2）病斑较小，梭形或椭圆形，黄褐色或褐色，大小为（0.6~1.2）毫米×（0.6~1.7）毫米。

（3）病斑为点状，黄褐色，边缘紫褐色或深褐色，周围有褪绿晕圈，此类型在抗性品种上产生。

2. 发生条件及规律

病原菌在病残体上越冬，翌年随气流、雨水传播，条件适宜时，在 60~72 小时内可完成一个侵染循环，一个生长季节可有多次再侵染。气温在 26~32℃，田间湿度较高时，易造成病害流行。

3. 防治方法及补救措施

（1）种植抗病品种是最好的防治方法。

（2）重病田避免秸秆还田，或者和其他作物轮作。

（3）发病初期，用 10%世高、50%扑海因或 70%代森猛锌等杀菌剂喷雾，间隔 7~10 天，连续施药2~3 次。

（三）弯孢菌叶斑病

1. 症状

初侵染病斑为褪绿小点，成熟病斑为圆形或椭圆形，中央有一黄白色或白色坏死区，边缘褐色，外围有褪绿晕圈，似"眼"状。有 2 种病斑类型，抗病斑多为褪绿点状斑，无中心坏死区，病斑不枯死，病斑较小；感病品种病斑较大，数个病斑相连，呈片状坏死，严重时整个叶片枯死。

2. 发生条件及规律

病原菌在病残体上越冬，翌年随气流、风雨传播到玉米上，遇合适条件萌发侵入。病原菌可在 3~4 天完成一个侵染循环，一个生长季节可有多次再侵染。高温高湿条件下可在短时期内造成病害大面积流行。

3. 防治方法及补救措施

（1）选用抗病品种。

（2）健康栽培提高植株抗病能力。

（3）发病初期，用 10%世高、50%扑海因或 70%代森猛锌等杀菌剂喷雾，间隔 7~10 天，连续施药 2~3 次。

（四）灰斑病

1. 症状

初侵染病斑为水渍状斑点，逐渐平行于叶脉扩展并受到叶脉限制，成熟病斑为灰褐色或黄褐色，多呈长方形，两端较平，这个特点是区别于其他叶斑病的主要特征。病斑连片常导致叶片枯死，田间湿度大时在病部可见灰色霉层。抗性斑多为点状，病斑周围有褐色边缘。

2. 发生条件及规律

病原菌在病残体上越冬，翌年随风雨传播到玉米上侵入，一个生长季节可造成多次再侵染。发病的最佳温度为 25℃，最佳湿度为 100%或者有水滴存在，因此，降雨量大、相对湿度高、气温较低的环境条件有利于病害的发生和流行。

3. 防治方法及补救措施

（1）最好的方法是种植抗病品种。

（2）发病初期，可用 70%甲基托布津、50%退菌特、10%世高等，每隔 7 天左右，连续施药 2~3 次。

（五）褐斑病

1. 症状

初侵染病斑为水浸状褪绿小斑点，成熟病斑中间隆起，内为褐色粉末状休眠孢子堆。叶片上病斑连片并呈垂直于中脉的病斑区和健康组织相间分布的黄绿条带，这个特点是区别于其他叶斑病的主要特征。叶鞘、叶脉上的病斑较大，红褐色到紫色，常连片致维管束坏死，随后叶片由于养分无法传输而枯死。

2. 发生条件及规律

病菌以孢子囊在土壤或病残中越冬，翌年病菌随气流或风雨传播到玉米植株上，遇到合适条件萌发释放出大量的游动孢子，侵入玉米幼嫩组织内引起发病。温度23~30℃、相对湿度85%以上、降雨较多的天气条件，有利于病害流行。

3. 防治方法及补救措施

(1)种植抗病品种。

(2)改进秸秆还田方法，变直接还田为深翻还田或者腐熟还田。

(3)在玉米拔节前后用15%的粉锈宁可湿性粉剂1 000倍液、20%退菌特1 000倍液等喷雾也可部分降低田间发病率。

(六)圆斑病

1. 症状

病菌主要侵染叶片和果穗，也侵染叶鞘和苞叶。有两种病斑类型，一种是叶斑初期为水渍状、浅绿色或浅黄色小斑，逐渐扩大为圆形或椭圆形，病斑中央浅褐色，边缘褐色，略具同心轮纹，大小为(3~13)毫米×(3~5)毫米。另一种是叶斑为长条状，大小为(10~30)毫米×(1~3)毫米。果穗受侵染后，籽粒和穗轴变黑凹陷、籽粒干瘪而形成穗腐。

2. 发生规律

圆斑病以菌丝体在田间散落或在秸秆垛中的果穗、叶片、叶鞘及苞叶上越冬，成为翌年田间发病的初侵染菌源。种子内部可带菌，成为远距离传播的重要途径。越冬后的圆斑病菌，在翌年7月中旬以后温湿度条件适宜时，在土壤中病株残体上或秸秆垛中越冬的菌丝体开始产生分生孢子，借风雨传播，侵染叶片和果穗，引起发病。病菌生长发育最适温度为25~30℃。

每年7—8月高温多雨、田间湿度大时，有利于病害发生和流行，降雨少、温度低的年份发病轻。此外，圆斑病的发生轻重与栽培地势、茬口、土壤耕作状况、播期、土壤肥力、施肥时期、种类和数量等关系十分密切。地势低洼、重茬连作、施肥不足等则发病严重，适时晚播可错开高温多雨季节，则比早播发病轻。

3. 防治方法及补救措施

（1）加强植物检疫，不从病区引种。

（2）种植抗病品种。

（3）在吐丝期用50%多菌灵、70%代森猛锌或25%粉锈宁可湿性粉剂500~600倍液对果穗喷雾，连喷2次，间隔7~10天。

二、叶鞘部病害

主要指纹枯病和鞘腐病。该类病害主要在玉米生长后期发生，施药困难。品种缺少抗原，整体抗性较差。病斑从下部逐渐往中上部叶片蔓延，病斑局限在下部叶片时，基本上不会造成产量损失，条件适宜时，很快达到棒三叶，甚至穗上苞叶，引起籽粒干瘪，或者穗腐，造成很大产量损失。

（一）纹枯病

1. 症状

发病初期在茎基部的叶鞘上形成水浸状暗绿色病斑，逐渐扩展成不规则或云纹状病斑。在高湿环境下，形成菌丝团和菌核；严重的可以导致穗腐，造成减产甚至绝收。

2. 发生条件及规律

纹枯病以遗留在田间的菌核越冬，成为翌年的初侵染源。在适宜的温湿度条件下，菌核萌发长出菌丝在植株叶鞘上扩展，并从叶鞘缝隙进入叶鞘内侧，侵入寄主引起发病。在温暖条件下，湿度大连阴雨有利于病害的发生与流行。品种间对纹枯病抗性存在明显差异。

3. 防治方法及补救措施

（1）选用抗耐病品种。

（2）重病田严禁秸秆还田。

（3）发病初期可在茎基喷施 5% 井冈霉素或 40% 菌核净 1 000~1 500 倍液，间隔 7~10 天一次。

（二）鞘腐病

由多种病原菌单独或复合侵染引起的叶鞘腐烂病的总称。

1. 症状

病斑可从任一部位的叶鞘发生，因病原菌的种类不同症状表现各异。初期多为水渍状斑点，逐渐扩展为圆形、椭圆形或不规则形病斑，干腐或湿腐，几个病斑常连片成不规则状大斑，叶片逐片干枯。病斑只发生在叶鞘上，叶鞘下茎秆正常。条件适宜时病部可见白色、灰黑色、粉红色、红色、紫色霉层。

虫害引起的鞘腐，外观常呈紫色、浅紫色，叶鞘内侧可见蚜虫等小型害虫为害。

2. 发生条件及规律

病原菌在病残体、土壤或种子中越冬，翌年随风雨、农具、种子、人、畜等传播，遇合适条件侵染玉米发病。高温高湿有利于病害的流行。

3. 防治方法及补救措施

发病初期在茎基喷农用链霉素、50% 退菌特等，7~10 天一次。

三、穗部病害

该类病害发生在果穗上或在果穗上表现症状，直接降低玉米的籽粒产量或品质。如丝黑穗病、疯顶病的发病率就是产量损失率。穗腐或瘤黑粉病造成的果穗霉变，直接减少籽粒的产量，同时霉变籽粒产生的毒素，如玉米赤霉烯酮、脱氧雪腐镰孢菌烯醇、黄曲霉毒素等人、畜取食后引起中毒，造成更大的危害。

该类病害易防难治，发现时产量损失已经造成，不可补救。种植抗病品种是最好的防治方法。另外，种子用专用药剂处理，对丝黑穗病、疯顶病有很好的防治效果；对瘤黑粉病防治效果不明显，对穗腐病无效。

（一）丝黑穗病（俗称乌米）

1. 症状

部分病株在苗期可表现症状，如分蘖、矮化、心叶扭曲、叶色浓绿、叶片出现黄白色纵向条纹等，大部分病株直到穗期才可见典型症状；病株果穗短粗，外观近球形，无花丝，内部充满黑粉，黑粉内有一些丝状的维管束组织，所以，称此病为丝黑穗病。有的果穗小花过度生长呈肉质根状，似"刺猬头"。雄穗全部或部分小花变为黑粉包或畸形生长。

2. 发生条件及规律

玉米丝黑穗病是以土壤传播为主、苗期侵染的病害。病菌的厚垣孢子散落在土壤中，混入粪肥里或黏附在种子表面越冬，厚垣孢子在土壤中能存活 3 年左右。种子表面带菌虽可传病，但侵染率极低，它是远距离传播的侵染源，玉米丝黑穗病发病轻重取决于品种的抗病性和土壤中菌源数量以及播种和出苗期环境。不同的玉米品种对丝黑穗病的抗病性有明显的差异。高感品种连作时，土壤中菌量每年增长 5~10 倍。病菌侵染的最适时期是从种子萌发开始到一叶期。此时若遇到低温干旱，则延长了种子萌发到出苗的时间，加大丝黑穗病菌的侵染几率。

3. 防治方法及补救措施

（1）选用抗耐病品种，品种间对本病的抗性有显著差异。

（2）用含有三唑醇、腈菌唑、戊唑醇等成分的种衣剂，如2%立克秀等进行种子处理。

（3）在病瘤成熟破裂前拔除病株并销毁。

（二）瘤黑粉病

1. 症状

在玉米植株的任何地上部位都可产生形状各异、大小不一的瘤状物，主要着生在茎秆和雌穗上。典型的瘤状物组织初为绿色或白色，肉质多汁。后逐渐变灰黑色，有时带紫红色，外表的薄膜破裂后，散出大量的黑色粉末（病菌冬孢子）。

2. 发生条件及规律

在玉米生育期的各个阶段均可直接或通过伤口侵入。病菌以冬孢子在土壤中及病残体上越冬，翌年冬孢子或冬孢子萌发后形成的担孢子和次生担孢子随风雨、昆虫、农事操作等多种途径传播到玉米上，一个生长季节可有多次再侵染。温度在26~34℃，虫害严重时有利于病害流行。

3. 防治方法及补救措施

（1）种衣剂防治效果不明显，因此，种植抗病品种是最好的防治方法。

（2）及时防治虫害，减少伤口。

（3）及时消除病瘤，带出田间销毁。重病地深翻土壤或实行2年以上轮作。

（三）穗腐病

又称穗粒腐病，多种病原菌单独或复合侵染引起的果穗或籽粒霉烂的总称。

1. 症状

果穗及籽粒均可受害，被害果穗顶部或中部变色，并出现粉红色、蓝绿色、黑灰色或暗褐色、黄褐色霉层，即病原菌的菌体、分生孢子梗和分生孢子。病粒无光泽，不饱满，质脆，内部空虚，常为交织的菌丝所充塞。果穗病部苞叶常被密集的菌丝贯穿，黏结在一起贴于果穗上不易剥离。

2. 发生条件及规律

病原菌在种子、病残体上越冬，为初浸染病源。病菌主要从伤口侵入，分生孢子借风雨传播。温度在 15～28℃，相对湿度在 75%以上，有利于病菌的浸染和流行，高温多雨以及玉米虫害发生偏重的年份，穗腐和粒腐病也较重发生。温度、湿度和伤口是病害发生的主要因素，其他影响因素有果穗的直立角度，苞叶的长短、松紧程度以及穗期害虫的种类和为害程度等。

3. 防治方法及补救措施

(1)品种间抗性差异明显，种植抗病品种是首选。

(2)实行轮作，清除并销毁病残体。适期播种，合理密植，合理施肥，促进早熟，注意虫害防治，减少伤口浸染的机会。

(3)玉米成熟后及时采收，充分晒干后入仓贮存。

(4)细菌性穗腐在发病初期用农用链霉素对果穗喷雾，有一定的防治效果。

(四)疯顶病

1. 症状

系统侵染病害，苗期病株表现心叶黄化、扭曲、畸形或有黄白色条纹，过度分蘖等，严重时枯死。抽雄后典型症状为雌雄穗畸形；雄穗全部或者部分花序发育成变态叶，簇生，使整个雄穗呈刺头状，故称疯顶病；雌穗苞叶顶端变态为小叶并增生，雌穗分化为多个小穗，呈丛生状，小穗内部全部为苞叶，无花丝，无籽粒。病株矮化(上部叶片簇生状)或徒长(超正常高度的1/3)，一般无穗。

2. 发生条件及规律

以卵孢子或菌丝体在种子、土壤、病残体上越冬。翌年侵入玉米，引起发病。土壤湿度饱和 24～48 小时就可完成侵染，带病种子是远距离传播的主要载体。

3. 防治方法及补救措施

(1)种植抗病品种。

(2)加强检疫，不从疫区调种。

(3)及时清除病株，带出田间集中销毁。

(4)重病田轮作倒茬。

(5)用35%瑞毒霉按种子量的 0.3%或 25%甲霜灵可湿性粉剂按种子重量的 0.4%拌种。

四、根茎部病害

该类病害基本上都是由多种病原菌单独或复合侵染引起，病原菌种类复杂，并可在土壤、种子、病残体上存活和传播。许多病原菌可同时侵染小麦或其他作物并引起病害。近年来，大力推广的秸秆还田和直播技术，为田间土壤中病原菌的生存、繁殖和积累提供了条件，在一定程度上加重了本类病害的发生。

根茎部病害在苗期发生，常会造成缺苗断垄，即使进行有效的挽救处理，也会造成小苗和弱苗，从而影响亩产量。在玉米生长后期发生，主要造成植株的过早死亡，影响玉米籽粒的灌浆和千粒重，直接降低每亩的籽粒产量。种子包衣或拌种处理，可有效地防治玉米烂籽病、苗期根腐病，但是，对顶腐病和茎腐病的防治效果并不理想。目前，利用抗病品种和健康栽培提高植株抗病能力，是防治顶腐病和茎腐病的有效方法。

(一)烂籽病

又称种子腐烂病，是由多种病原菌单独或复合侵染引起的一类病害的总称。

1. 症状

种子在低于最适温度时萌发易受病菌侵染，导致种子腐烂和幼苗猝倒。主要表现为种子霉变不发芽，或种子发芽后腐烂不出苗，或根芽病变导致幼苗顶端扭曲叶片伸展不开。湿度大时，在病部可见各色霉层。

2. 发生条件及规律

种子或土壤带菌是发病的主要原因。种子在收获前有穗粒腐病，或贮藏时的霉变，是种子带菌的主要原因。另外，种子成熟度差，发芽率低，种子遭虫蛀、机械操作或遗传性爆裂、丝裂病等都会加重该病的发生。土壤中存在致病菌是发病的另一主要诱因，主要致病菌的种类受气候、环境、土壤类型、土壤的温湿度、通气情况、种植模式、耕作方式等诸多因素的影响，土壤中虫害严重也会加重该病的发生。病害症状、发病规律及为害程度也随主要致病菌的不同而存在很大差异，病原菌直接或通过伤口侵入种子或芽，形成病斑，进一步引起种子或芽的腐烂。

3. 防治方法

本病易防难治，种子包衣为最佳防治措施。根据土壤墒情适期播种，根据主要致病菌的不同，选择合适的药剂包衣或拌种。如满适金等对腐霉菌防治效果较好，满适金、咯菌腈、卫福 200FF 种衣剂、黑虫双全种衣剂等对镰孢菌防治效果较好，地下害虫严重的地块，要选择帅苗种衣剂，或含丁硫克百威、辛硫磷等杀虫剂成分的拌种剂。

（二）苗期根腐病（苗枯病）

1. 症状

在玉米 3~6 叶期发病。一般株型矮小；下部叶片黄化或枯死，或植株茎叶呈灰绿色或黄色失水干枯，或叶鞘上可见云纹状斑块并引起叶枯；根或茎基部组织上有水渍状或黄褐色到紫色病斑，或腐烂，或缢缩。轻者可在滋生水根后症状减轻，但是，长势明显减弱，后期影响产量，或发展成茎腐病；重者死亡干枯，造成缺苗断垄。

2. 发生条件及规律

引起苗枯病的各种病原菌在土壤和种子上越冬。由于是弱寄生菌，可长期在土壤中存活，玉米播种后，土壤或种子上的病菌开始侵染种子根、次生根、中胚轴甚至茎基部，引起地上部幼苗发病，枯死。品种间抗病性存在差异；使用陈旧种子，春季长期低温多雨，土壤黏重或板结，整地质量差，偏施氮肥而缺少磷钾肥的田块发病严重。

3. 防治方法及补救措施

本病以预防为主，播种前采用咯菌腈悬浮种衣剂或满适金种衣剂包衣效果较好；发病后加强栽培管理，喷施叶面肥；湿度大的地块中耕散湿，促进根系生长发育；严重地块可选用72%代森猛锌霜脲氰可湿性粉600倍液，或58%代森猛锌甲霜灵可湿性粉剂500倍液喷施玉米苗基部或灌施根部。

（三）顶腐病

1. 症状

近几年新发生的一种病害，多数发病植株上部，使叶片失绿、畸形，叶片边缘产生黄化条纹或叶尖枯死，有的植株心叶基部卷曲腐烂。品种的抗性不同，症状表现不一样。

2. 发生条件及规律

病原菌在种子、病残体、土壤中越冬，翌年从植株的气孔、水孔或伤口侵入。高温高湿有利于病害流行，害虫或其他原因造成的伤口有利于病菌侵入。多出现在雨后或田间灌溉后，低洼或排水不畅的地块发病较重。

3. 防治方法及补救措施

（1）种植抗病品种。

（2）重病田轮作倒茬。

（3）做好害虫的防治工作，避免造成伤口被细菌侵染。

（4）用满适金包衣或拌种。

（5）在发病初期可用50%多菌灵可湿性粉剂、80%代森锰锌可湿性粉剂、菌毒清、农用链霉素等药剂对水灌心。

（四）茎腐病

又称玉米茎基腐病、青枯病，是成株期茎基腐烂病的总称。

1. 症状

品种的抗病性不同，其症状显示时期不同。一般品种的显症期在乳熟期。症状表现分两种类型，病程发展较快，植株迅速失水呈青枯状，茎基部第二节萎缩变软，果穗下垂。病程发展较慢，植株由下而上叶片逐渐枯死呈黄枯状，茎基部第二节萎缩变软，果穗下垂。受害株果穗籽粒松瘪，茎基部第二节髓部中空，后期易倒伏。扒开髓部或拔出根部可见白色絮状物和粉红色霉状物。

2. 发生条件及规律

玉米茎腐病病原菌在病残体和土壤中越冬，成为翌年的侵染源。玉米茎腐病侵染期较长，苗期开始从根部潜伏侵染，成株期从根部直接或从伤口陆续侵染。发病程度与品种的抗病性、气候、土壤因素以及栽培管理有关。感病品种发病早、发病重。玉米散粉期至乳熟期降雨多、湿度大发病重。植株生长后期脱肥发病重。早播、连作发病重。

3. 防治方法及补救措施

由于该病为全生育期侵入且后期发病的病害，所以，单纯的杀菌剂种子包衣或者拌种，效果均不理想。

（1）目前，种植抗病品种是防治的主要方法。

（2）防治地下害虫，减少伤口。

（3）选择生物型种衣剂 ZSB 有一定的防治效果，用满适金种衣剂包衣也可降低部分发病率。

（4）重病田避免秸秆还田，也可轮作倒茬。

第二节　玉米虫害

一、地下害虫

传统上种植玉米要在播种前深耕土地，同时播种量大，种植密度低，3~5叶期有间苗定苗措施，地下害虫在玉米上造不成很大的为害。现阶段，随着秸秆还田和免耕直播技术的应用，给地下害虫提供了稳定的栖息场所，害虫的存活量迅速增加；大力推广的精量播种技术不再需要进行间苗；大型收获、播种机械的异地连续作业，给一些偶发性和迁移性差的地下害虫随机械在大范围内扩散提供了有利条件。因此，地下害虫是现在玉米生产上苗期的主要害虫，也是玉米保全苗的关键因素。

（一）地老虎

1. 形态特征

小地老虎幼虫体长37~47毫米，暗褐色，表皮粗糙，密生大小不同的颗粒，腹部第1~8节背面，每节有4个毛瘤，前两个显著小于后两个，体末端臀板为黄褐色，上有黑褐色纵带两条。黄地老虎幼虫体长33~45毫米，头部黑褐色，有不规则深褐色网纹，体表多皱纹，臀板有两大黄褐色斑纹，中央断开，有较多分散的小黑点。大地老虎幼虫体长41~61毫米，体黄褐色，体表多皱纹，微小颗粒不显，腹部第1~8节背面有4个毛片，前两个和后两个大小几乎相同。臀板为深褐色的一整块密布龟裂状的皱纹板。

2. 为害状

叶片被咬成小孔、缺刻状；可为害生长点或从根茎处蛀入嫩茎中取食，造成萎蔫苗和空心苗；大龄幼虫常把幼苗齐地咬断，并拉入洞穴取食，严重时形成缺苗断垄。幼虫有转株为害习性。

3. 发生规律

大地老虎1年发生1代，小地老虎和黄地老虎一年发生2~7代，以老熟幼虫或蛹越冬。成虫昼伏夜出，卵多散产在贴近地面的叶背面或嫩茎上，也可直接产于土表及残枝上。

4. 防治方法及补救措施

(1)药剂拌种。用50%辛硫磷乳油拌种，用药量为种子重量的0.2%~0.3%；用好年冬颗粒剂播种时沟施。

(2)用48%乐斯本或40%辛硫磷1 000倍液灌根或傍晚茎叶喷雾。

(3)毒土、毒饵诱杀。用50%辛硫磷乳油每亩50克，拌炒过的麦麸5千克，傍晚撒在作物行间。

(4)捕捉幼虫。清晨拨开萎蔫苗、枯心苗周围泥土，挖出地老虎的大龄幼虫。

(5)诱杀成虫。利用黑光灯、糖醋液诱杀成虫。

(二)蝼蛄

1. 形态特征

东方蝼蛄成虫体长31~35毫米，体色灰褐至暗褐，触角短于体长，前足发达，腿节片状，胫节三角形，端部有数个大型齿，便于掘土。

2. 为害状

直接取食萌动的种子，或咬断幼苗的根茎，咬断处呈乱麻状，造成植株萎蔫。蝼蛄常在地表土层穿行，形成的隧道，使幼苗和土壤分离，失水干枯而死。

3. 发生规律

1~2年完成1代，以成虫和若虫在土中越冬。翌年3月上升至表土取食，以夜间 9—11 时活动最猖獗。

4. 防治方法及补救措施

（1）药剂拌种。用 50%辛硫磷乳油拌种，用药量为种子重量的 0.2%~0.3%；用好年冬颗粒剂播种时沟施。

（2）毒饵诱杀。用 50%辛硫磷 30~50 倍液加炒香的麦麸、米糠或磨碎的豆饼，每亩用毒饵 1.5~3 千克，傍晚时撒于田间。

（3）灯光诱杀。设黑光灯诱杀。

（三）蛴螬

1. 形态特征

体型弯曲呈"C"形，白色至黄白色。头部黄褐色至红褐色，上颚显著，头部前顶每侧生有左右对称的刚毛。具胸足 3 对。

2. 为害状

取食萌发的种子或细菌根茎，常导致地上部萎蔫死亡。害虫造成的伤口有利病原菌侵入，诱发病害。

3. 发生规律

1 年或多年 1 代，因种而异。以幼虫或成虫在土中越冬，翌年气温升高开始出土活动。幼虫从卵孵化后到化蛹羽化均在土中完成，喜松软湿润的土壤。

4. 防治方法及补救措施

（1）药剂处理种子。用 40%辛硫磷乳油或 48%毒死蜱乳油拌种。

（2）用 15%毒死蜱乳油 200~300 毫升对水灌根处理。

（3）毒饵诱杀。

（4）实行水旱轮作。

（四）金针虫

1. 形态特征

老熟幼虫体长 20~30 毫米，细长圆筒形，体表坚硬而光滑，淡黄色至深褐色，头部扁平，口器深褐色。

2. 为害状

取食种子、嫩芽使其不能发芽；可钻蛀在根茎内取食，有褐色蛀孔，被害株的主根很少被咬断，被害部位不整齐，呈丝状。

3. 发生规律

一般 2~5 年完成 1 代，因种和地域而异。幼虫耐低温而不耐高温，以幼虫或成虫在地下越冬或越夏，每年 4—6 月和 10—11 月在土壤表层活动取食为害。

4. 防治方法及补救措施

（1）药剂防治。用 40%辛硫磷乳油或 48%毒死蜱乳油拌种，也可亩用 5%辛硫磷颗粒 1.5 千克拌入化肥中，随播种施入地下。

（2）发生严重时可浇水迫使害虫垂直移动到土壤深层，减轻为害。

（3）翻耕土壤，减少土壤中幼虫存活数量。

（五）玉米旋心虫

1. 形态特征

成虫体长 5~7 毫米，头黑褐色，触角丝状，11 节。鞘翅翠绿色，足黄褐色。老熟幼虫体长 10~12 毫米，体黄色至黄褐，头部深褐色，11 节，各节体背排列着黑褐色斑点，尾片黑褐色。蛹为裸蛹，黄色，长 4~5 毫米。

2. 为害状

幼虫从近地面的茎基部钻入。被害株心叶产生纵向黄色条纹或生长点受害形成枯心苗；植株矮化畸形分蘖增多。被害部有明显的虫孔或虫伤，常可见旋心虫幼虫。

3. 发生规律

1 年 1 代，以卵在土中越冬，翌年 6 月下旬幼虫开始为害，7 月上中旬进入为害盛期。

4. 防治方法及补救措施

（1）用含吡虫啉、锐劲特或丁硫克百威成分的种衣剂包衣。

（2）用 15% 毒死蜱乳油 500 倍液灌根处理。

（3）撒施毒土。每亩用 25% 西维因可湿性粉剂 1~1.5 千克，拌细土 20 千克，顺垄撒施。

（4）虫害严重的地块，可实行轮作。

二、刺吸式害虫

刺吸式害虫是玉米苗期到大喇叭口期的主要害虫，常见的有蚜虫、蓟马、叶螨、灰飞虱、盲蝽和叶蝉等。该类害虫通过刺吸式或锉吸式口器吸食玉米植株的汁液，造成营养损失。主要为害叶片的雄穗，害虫直接取食造成受害部位发白、发黄、发红、皱缩，甚至枯死而使玉米直接减产。有些害虫如灰飞虱、叶蝉、蚜虫等还可传播病毒，引起病毒病，如粗缩病、矮花叶病等。蚜虫在雄穗上取食导致散粉不良，籽粒结实性差；排除的"蜜露"在叶片上形成霉污，影响光合作用。同时虫伤易成为细菌等病原菌的侵染通道，诱发病害，如细菌性病害或瘤黑粉病等，间接造成更大的产量损失。

刺吸性害虫大多数体小且活动隐蔽，为害初期不易察觉，往往在造成严重症状后才被发现，所以，化学防治是控制该类害虫的主要措施，一般采用含丁硫克百威、吡虫啉等成分的种衣剂进行种子包衣或发生期喷洒内吸性杀虫剂的方法防治。在早晚喷雾，此时害虫停在中下部叶片背面，较易防治。

（一）蚜虫

1. 形态特征

分有翅孤雌蚜和无翅孤雌蚜两种类型。体长 1.6~2 毫米。触角 4~6 节，表皮光滑、有纹。有翅蚜触角通常 6 节，前翅中脉分为 2~3 支，后翅常有肘脉 2 支。

2. 为害状

群集于叶片背面、心叶、花丝和雄穗取食。能分泌"蜜露"并常在被害部位形成黑色霉状物，发生在雄穗上常影响授粉导致减产。此外蚜虫还能传播玉米矮花叶病毒和红叶病毒，导致病毒病造成更大损失。

3. 发生规律

玉米蚜虫 1 年 10~20 代。主要以成虫在禾本科杂草的心叶里越冬。翌年产生有翅蚜，迁至玉米心叶内为害。雄穗抽出后，转移到雄穗上为害。

4. 防治方法及补救措施

（1）喷洒 40% 乐果乳油或 10% 吡虫啉可湿性粉剂 1 000 倍或 50% 抗蚜威 2 000 倍液等。

（2）清除田间地头杂草。

（二）叶螨

1. 形态特征

雌螨体长 0.28~0.59 毫米。体椭圆形，多为深红色至紫红色。

2. 为害状

聚集在叶背取食，从下部叶片向中上部叶片蔓延。被害部初为针尖大小黄白斑点，可连片成失绿斑块，叶片变黄白色或红褐色，严重时枯死，造成减产。

3. 发生规律

1年发生多代，以雌成螨在杂草根下的土缝、树皮等处越冬。翌年5月下旬转移到玉米田局部为害，7月中旬至8月中旬形成为害高峰期。叶螨在株间通过吐丝下垂，进行水平扩散，在田间呈点片分布。

4. 防治方法及补救措施

（1）用含内吸性杀虫剂成分的种衣剂包衣。

（2）用20%扫螨净2 000倍液、41%金霸螨3 000~4 000倍液、5%尼索朗2 000倍液喷雾，重点防治玉米中下部叶片的背面。

三、食叶害虫

食叶性害虫以取食玉米叶片为主，常把叶片咬成孔洞或缺刻，有些害虫的大龄幼虫食量大，如黏虫，可将叶片全部吃掉，为害严重。食叶性害虫主要是通过减少植物光合作用面积直接造成产量损失；有时，害虫会咬断心叶，影响植株的生长发育；有些种类的幼虫大龄后常钻蛀到茎秆内取食，造成更大的产量损失。

食叶性害虫数量的消长常受气候与天敌等因素直接制约，有些种类如黏虫、甜菜夜蛾等能够做远距离迁飞，一旦发生则由于虫口密度集中，而猖獗为害。有些种类的害虫在玉米6叶期以后发生，所以，种衣剂或拌种剂防效差，目前，在玉米上以化学药剂喷雾或颗粒剂心叶撒施防治为主，辅以生物防治，如人工释放赤眼蜂防治玉米螟等措施。

（一）玉米螟

1. 形态特征

老熟幼虫体长20~30毫米，背部黄白色至淡红褐色，一般不带黑点，头和前胸背板深褐色。背线明显，两侧有较模糊的暗褐色亚背线。腹部 1~8 节，背面各有两排毛瘤，前排 4 个较大，后排 2 个较小。

2. 为害状

在玉米心叶期，初孵幼虫大多爬入心叶内，群聚取食心叶叶肉，留下白色薄膜状表皮，呈花叶状；2 龄、3 龄幼虫在心叶内潜藏为害，心叶展开后，出现整齐的排孔；4 龄后陆续蛀入茎秆中继续为害。蛀孔口堆有大量粪屑，茎秆遇风易从蛀孔处折断。由于茎秆组织遭受破坏，影响养分输送，玉米易早衰，严重雌穗发育不良，籽粒不饱满。初孵幼虫可吐丝下垂，随风飘移扩散到邻近植株上。

3. 发生规律

1 年 1~7 代，以老熟幼虫在寄主茎秆、穗轴和根茬内越冬，翌年春天化蛹，成虫飞翔力强，具趋光性。成虫产卵对植株的生育期、长势和部位均有一定的选择性，成虫多将卵产在玉米叶背中脉附近，为块状。

4. 防治方法及补救措施

（1）在心叶内撒施辛硫磷、功夫、杀虫双、毒死蜱等化学农药颗粒剂。

（2）使用 Bt、白僵菌等生物制剂心叶内撒施或喷雾。

（3）在玉米螟卵期，释放赤眼蜂 2~3 次，每亩释放 1 万~2 万头。

（4）玉米秸秆粉碎还田，杀死秸秆内越冬幼虫，降低越冬虫源基数。

（5）利用性诱剂或高压汞灯诱杀越冬代成虫。

（二）黏虫

1. 形态特征

老熟幼虫长 36~40 毫米，体色黄褐色至墨绿色。头部红褐色，头盖有网纹，额扁，头部有棕黑色"八"字纹。背中线白色较细，两边为黑细线，亚背线红褐色。

2. 为害状

3 龄后咬食叶片成缺刻状，5~6 龄达暴食期，很快将幼苗吃光，或将成株叶片吃光只剩叶脉，造成严重减产，甚至绝收。

3. 发生规律

1 年 2~8 代，为迁飞性害虫，在北纬 33°以北地区不能越冬，长江以南以幼虫和蛹在稻桩、杂草、麦田表土下等处越冬。翌年春天羽化，迁飞至北方为害，成虫有趋光性和趋化性。幼虫畏光，白天潜伏在心叶或土缝中，傍晚爬到植株上为害，幼虫常成群迁移到附近地块为害。

4. 防治方法及补救措施

(1)在早晨或傍晚喷辛硫磷、高效氯氰菊酯、毒死蜱、定虫脲等杀虫剂 1 500~2 000 倍液喷雾防治。

(2)利用糖醋液、黑光灯或杨树枝把等诱杀成虫。

(三)蝗虫

1. 形态特征

蝗虫体色据环境而变化，多为草绿色或枯草色。有一对带齿的发达大颚和坚硬的前胸背板，前胸背板像马鞍状。若虫和成虫善跳跃，成虫善飞翔。

2. 为害状

成虫及幼虫均能以其发达的咀嚼式口器嚼食植物的茎、叶，被害部呈缺刻状。为害速度快，大量发生时可吃成光秆。

3. 发生规律

1 年 1~4 代，因地而异。以卵在土中越冬。多数地区 1 年能够发生夏蝗和秋蝗两代，夏蝗 5 月中下旬孵化，秋蝗 7 月中下旬至 8 月上旬孵化。土壤干湿交替，有利于越冬蝗卵的孵化。

4. 防治方法及补救措施

（1）虫量大地块用 20% 的杀灭菊酯乳油 2 000 倍液、50% 马拉硫磷乳油 1 000 倍液、25% 杀螟松 500～800 倍液喷雾。

（2）人工捕捉。

第三节　玉米草害

杂草是影响玉米生产的主要有害生物之一。它们与作物争光、争水、争肥，造成玉米的直接减产；同时杂草又是许多病虫的寄生或越冬场所，助长了病虫害的发生而间接引起玉米减产。因此，防治草害是确保玉米高产稳产的重要环节。

一、玉米田杂草的种类

玉米田杂草有 70 多种，为害严重的有稗草、狗尾草、马唐、牛筋草、芦苇、看麦娘、藜、反枝苋、酸模叶蓼、马齿苋、铁苋菜、苣荬菜、苍耳、龙葵、问荆等。其中，一年生杂草占发生量的 85%，多年生杂草占 15%。

二、玉米田杂草的发生规律

从 4 月下旬至 9 月上旬各种杂草均可发生。多年生杂草 4 月下旬开始发生；一年生杂草 5 月初至 9 月上旬均可发生。杂草第一次高峰期在 5 月底至 6 月上旬，杂草数量多，约占 70%；地面裸露多，杂草生长快，对玉米为害大，如不及时防治，将严重影响产量。杂草第二次高峰期为 6 月下旬至 7 月上旬，约占发生量的 30%，由于玉米的遮盖，杂草生长较慢，对玉米产量不构成威胁。

三、玉米田杂草的综合防治

玉米田杂草种类多，群落演替加快，单一化学除草导致多年生的恶性杂草比例增加，因此，必须采取综合防治的措施才能彻底解决草害问题。

（一）检疫措施

在引种或调运种子时，严格杂草检疫制度，防止检疫性杂草如豚草、假高粱等的输入或扩大蔓延。

（二）农业措施

农业措施是减少草害的重要措施。实行秋翻春耕，破坏杂草种子和营养器官的越冬环境或机械杀伤，以减少其来源。高温堆肥，有机肥要充分腐熟（如 50~70℃堆沤 2~3 周），以杀死其内的杂草种子。有条件的地方实行水旱轮作，可有效地控制马唐、狗尾草、山苦菜、问荆等旱生杂草。在禾本科杂草发生严重的田块，也可采取玉米与大豆等双子叶作物轮作，在大豆生育期喷洒杀禾本科杂草的除草剂，待其得到控制后，再种植玉米。合理施肥、适度密植，促进玉米植株在竞争中占据优势地位，也是减少草害的重要措施。

（三）中耕除草

提倡中耕除草，以改善土壤通透性，同时减轻草害，尤其是第二次杂草高峰期，及时铲除田间杂草，对改善田间小气候，阻断病虫害的传播有重要意义。

（四）物理除草

利用深色地膜覆盖，使杂草无法光合作用而死亡。

（五）化学除草

玉米田化学除草主要在播种后出苗前和苗期两个时期施药防治。

1. 苗前封闭

在玉米播种覆土后，均匀喷洒除草剂以防治芽期的杂草，是目前玉米田化学除草的主要方法。常用玉米苗前除草剂使用及其注意事项如下。

（1）酰胺类。如甲草胺、乙草胺、异丙甲草胺、异丙草胺、丙草胺、丁草胺等，防治一年生禾本科杂草及部分阔叶杂草，必须在杂草出土前施药，喷施药剂前后，土壤宜保持湿润。温度偏高或沙质土壤用药量宜低，气温较低或黏质土壤用药量可适当偏高。

①药害表现。玉米植株矮化；有的种子不能出土，幼芽生长受抑制，茎叶卷缩、叶片变形，心叶卷曲不能伸展，有时呈鞭状，其余叶片皱缩，根茎变褐，须根减少，生长缓慢。

②挽救措施。喷施赤霉素溶液可缓解药害；人工剥离心叶展开。

（2）苯甲酸类。如麦草畏等，防治阔叶杂草，在使用时药液不能与种子接触，以免发生伤苗现象。有机质含量低的土壤易产生药害。

①药害表现。使用过量时，玉米初生根增多，生长受抑制，叶变窄、扭卷、叶尖、叶缘枯干，茎秆变脆易折。

②挽救措施。适当增加锄地的深度和次数，增强玉米根系对水分和养分的吸收，喷施植物生长调节剂如赤霉素、芸薹素内酯等或叶面肥，减轻药害。

（3）三氮苯类。如莠去津、西草净、莠灭净、西玛津、扑草净、嗪草酮等，防治部分禾本科杂草及阔叶杂草，施用时在有机质含量低的沙质土壤容易产生药害，不宜使用；部分药效残效期长，对后茬敏感作物有不良影响。

①药害表现。玉米从心叶开始，叶片从尖端及边缘开始叶脉间褪绿变黄，后变褐枯死，植株生长受到抑制并逐渐枯萎。

②挽救措施。随着植株生长可转绿，恢复正常生长，严重时喷叶面肥或植物生长调节剂如赤霉素、芸薹素内酯等减轻药害。

（4）有机磷类。如草甘膦、草甘膦异丙胺盐、草甘膦铵盐等，防治田间地头已出杂草，要在无风天气下喷施，切忌污染周围作物；在喷雾器上加戴保护罩定向喷雾，尽可能减少雾滴接触叶片；施药 4 小时后遇雨应重喷。

①药害表现。着药叶片先水渍状，叶尖、叶缘黄枯，后逐渐干枯，整个植株呈现脱水状，叶片向内卷曲，生长受到严重抑制。

②挽救措施。遇土钝化，苗前使用对玉米无害。

（5）取代脲类。如绿麦隆、利谷隆等，防治一年生杂草，施药时应保持土壤湿润，对有机质含量过高或过低的土壤不宜使用，残效时间长，对后茬敏感作物有影响。

①药害表现。植株矮小，叶片褪绿，心叶从尖开始，发黄枯死。

②挽救措施。根外追施尿素和磷酸二氢钾，增强玉米生长活力。

（6）联吡啶。如百草枯，防治对象是田间地头已出土杂草，在施药时要注意切忌污染其他作物。无风天气下喷施，配药、喷药时要有保护措施。

①药害表现。着药叶片产生白色枯斑，斑点大小、疏密程度不一，未着药叶片正常。施药时苗较小或施药量过大会造成死苗、减产。

②挽救措施。遇土钝化，苗前使用对玉米无药害。

（7）二硝基苯胺。如二甲戊乐灵、氟乐灵等，防治对象是杂草，二甲戊乐灵在施药后遇低温、高温天气，或施药量过高，易产生药害，土壤沙性重，有机质含量低的田块不宜使用。玉米对氟乐灵较敏感，土壤残留或误施可能造成药害。

①药害表现。茎叶卷缩、畸形，叶片变短、变宽、褪绿，生长受到抑制。须根变得又短又粗，没有次生根或者次生根稀疏，根尖膨大呈棒状。

②挽救措施。加强田间管理，增强玉米根系对水分和养分

的吸收；喷施叶面肥或植物生长调节剂如赤霉素、芸薹内酯等减轻药害。

2. 苗期喷雾

在玉米3~5叶期、杂草2~4叶期喷洒除草剂防治杂草。可选用广谱性的莠去津、砜嘧磺隆、甲酰胺磺隆等；防禾本科杂草的玉农乐；防阔叶草的2，4-D丁酯、二甲四氯钠盐、百草敌、阔叶散等；或两类药剂混用，如玉米乐加莠去津等。常用玉米苗后除草剂使用及其注意事项如下。

（1）苯氧羧酸类。2，4-D丁酯，二甲四氯钠、二甲四氯、二甲四氯钠盐、2，4-D异辛酯、2，4-D二甲胺盐等。

①药害表现。叶色浓绿，严重时叶片变黄，干枯；茎扭曲，叶片变窄，有时皱缩，心叶卷曲呈"葱管"状；茎秆脆、易折断，茎基部鹅头状，支撑根短而融合，易倒伏。

②使用注意事项。无风情况下施药，使用时尽量避开大豆、瓜类等敏感作物。2，4-D丁酯不宜与其他农药混用，2，4-D异辛酯不能与碱性农药混合使用，以免降低药效。

在沙壤土、沙土等轻质土壤以及施药后降水量较大的情况下，药剂被雨水淋溶至玉米种子所在的土层中，种子或胚芽直接与药剂接触，也易导致药害。

（2）磺酰脲类。烟嘧磺隆、噻吩磺隆、砜嘧磺隆等。

①药害表现。心叶褪绿、变黄、黄白色或紫红色，或叶片出现不规则的褪绿斑；或叶缘皱缩，心叶不能正常抽出和展开；或植株矮化，丛生。土壤中残留造成的药害症状多为玉米3~4叶期呈现紫红色和紫色。

②使用注意事项。咽嘧磺隆在玉米3~5叶期，噻吩磺隆、砜嘧磺隆在玉米4叶期前施药为安全期；遇高温干旱、低温多雨、连续暴雨积水易产生药害。施药前后7天内，尽量避免使用有机磷农药。

玉米对氯密磺隆、苯磺隆、氯磺隆敏感，避免在这些除草剂残留地块中播种。

（3）三氮苯类。莠去津、氰草津、扑草净等。

①药害表现。从叶片尖端及边缘开始叶脉间失绿变黄，后变褐枯死，心叶扭曲，生长受到抑制。

②使用注意事项。莠去津持效期长，勿盲目增加药量，以免对后茬敏感作物产生药害。氰草津在土壤有机质含量低、沙质土或盐碱地易出现药害，玉米 4 叶期后使用易产生药害。

（4）杂环化合物类。甲基磺草酮、嗪草酸甲酯等。

①药害表现。甲基磺草酮，叶片局部白化现象；嗪草酸甲酯，玉米叶尖发黄，叶片出现灼伤斑点。

②使用注意事项。正常药量下对玉米安全；施药后 1 小时降雨，不必重喷；低温影响防治效果；甜玉米和爆裂玉米不宜使用。

（5）三酮类。磺草酮等。

①药害表现。叶片叶脉一侧或两侧出现黄化条斑，严重时呈白化条斑。

②使用注意事项。玉米 2~3 叶期施药，禾本科杂草 3 叶后对该药抵抗力增强；无风天气下施用；玉米、大豆套种田不宜使用。

（6）联吡啶类。百草枯等。

①药害表现。着药叶片先迅速产生水渍状灰绿色斑、产生枯斑，斑点大小、疏密程度不一，边缘常黄褐色，未着药叶片正常。受害严重时，叶片枯萎下垂，植株枯死。

②使用注意事项。灭生性除草剂，施药时切忌污染作物；无风天气下喷施，喷药时要有防护措施，戴口罩、手套、穿工作服。

（7）腈尖。溴苯腈、辛酰溴苯腈等。

①药害表现。溴苯腈，着药叶片出现明显的枯死斑，新出叶片无药害现象；辛酰溴苯腈，用药后玉米叶有水渍状斑点，

之后斑点发黄，有明显的灼烧状，但不扩展。

②使用注意事项。3~8叶期施药，勿在高温天气用药，施药后需6小时内无雨；不宜与碱性农药混用，不能与肥料混用，也不能添加助剂。不可直接喷在玉米苗上。

在玉米田化学除草时，要根据当地杂草种类，兼顾除草剂特性与价格，选择适宜的除草剂品种，并注意轮换或交替使用，以防止抗性杂草群落的形成；根据环境条件及杂草密度，选用适宜的除草剂用量，如春季低温、降水量大、杂草密度低等要减少用量，反之要增加用量；为扩大杀草谱、延缓抗药性产生，提倡除草剂混用。

第九章　玉米的加工与利用

第一节　玉米加工重要性

随着社会的不断进步，从我国经济整体发展的角度来看，通过玉米深化加工，有助于实现我国产业链的延长以及产业结构的优化，在这一过程中还能够促进玉米附加值的增加。

玉米既可以作为饲料，也可以充当工业原料，在综合应用各种工艺的背景下，可以生产出多种工业产品。近年来，我国在积极加强农业和经济建设的过程中，玉米工业发展速度加快，玉米的需求量不断增加，甚至影响了世界范围内玉米的流通格局以及供求平衡。这就要求我国相关领域工作人员在实际展开工作的过程中，必须对玉米加工的重要性产生深刻认知，并结合我国发展实际，从宏观的角度出发实现玉米的供求平衡，为我国经济的健康、稳定发展奠定基础。

第二节　玉米加工转化途径

我国是一个农业大国，玉米是我国重要的农作物之一，在人们的日常生活中具有重要的作用。经过合理加工，玉米可以转换成多种食品、饲料以及工业产品能源，现阶段，我国的玉米加工转化主要包含两种途径：一是，饲料转化。目前全世界70%的玉米都会向饲料直接转化，而我国62%的玉米会直接转化成饲料。二是，工业转化。现阶段全世界共有4 000多种由玉米副产品加工而成的原料。

玉米是我国重要的农作物，总产量位居世界第二，现阶段玉米经过加工，可以形成许多产品。例如，经过编织玉米苞叶可以转化成精美的手工艺品，深受消费者的喜爱。由于玉米拥有相对广阔的加工领域，因此从长远的角度来看，玉米加工产业领域工作人员在实际展开工作的过程中，应加大对各种新型技术的研发和综合应用，为推动我国玉米加工转化领域的全面发展奠定基础。

第三节　玉米食品加工

一、玉米食品种类

玉米拥有丰富的营养价值，其中每100克玉米包含4.4克脂肪、8.7克蛋白质、1.5克粗纤维、70.7克碳水化合物和0.13毫克胡萝卜素等。因此拥有较高的食用价值。同时玉米拥有多种品种，如优质蛋白玉米、加强甜玉米、超甜玉米以及普通甜玉米等，其中马齿型和硬粒型是普通玉米的两种主要类型，正因为玉米种类较多，为多样化玉米食品加工奠定了基础。

二、玉米食品加工

从20世纪起，我国的酒精、啤酒、味精、淀粉等500多种食品加工生产中都开始广泛应用玉米。同发达国家相比，我国的玉米食品加工技术呈现出滞后性，然而从20世纪80年代开始，由脱水玉米、甜玉米罐头、玉米春卷和玉米糊等构成的玉米系列食品开始在我国国内形成，并且逐渐在生活中得到广泛的运用。

第四节　玉米的综合利用

　　粉条、粗淀粉是我国最早的玉米工业，自 20 世纪 60 年代起，医药生产中也开始将玉米作为原料，经过玉米淀粉加工厂的加工，能够有效节约加工成本、简化脱色工序，成为我国重要的湿磨工艺。另外，在对干磨工艺等进行充分应用的过程中，可以有效分离果皮与胚乳，在此基础上展开进一步加工处理，可以为维生素 E、胚芽蛋白、玉米油等产品的生产奠定基础。

　　精炼后的玉米油才能够被作为商品食用油，在对玉米油进行充分应用的背景下，可以为油漆、染料、人造奶油、色拉油以及肥皂生产等奠定基础。

　　玉米淀粉生产塑料制品是现代玉米工业发展中的一项重要成果。生物可降解性是此类塑料制品的重要特点，因此在对玉米淀粉塑料进行充分应用的过程中，能够有效降低塑料污染、实现环境净化的目标，因此现阶段这一产品已经被广泛应用于垃圾袋制造、食品包装等工业领域。而从农业发展的角度来看，玉米淀粉生产塑料制品可以被加工转化成不同类型的农田薄膜，在对这一产品进行充分应用的过程中，能够避免农业生产中给土壤环境带来严重的污染和破坏。

主要参考文献

安桂英，李翠芹.2018.玉米高效栽培技术研究[M].延吉：延边大学出版社.

刘伟，李淑欣，历春萌.2019.玉米高产栽培与病虫害防治[M].北京：中国农业科学技术出版社.

姜龙.2018.新编玉米高产栽培技术[M].长春：吉林人民出版社.

夏海勇，薛艳芳.2017.玉米花生间套作栽培新技术[M].北京：中国农业出版社.